Untersuchungen zu Signaltransduktionsprozessen mit Hilfe kleiner chemischer Sonden

Lihe Zhang
(Hrsg.)

Untersuchungen zu Signaltransduktionsprozessen mit Hilfe kleiner chemischer Sonden

ZHEJIANG UNIVERSITY PRESS
浙江大学出版社
Springer Vieweg

Hrsg.
Lihe Zhang
Health Science Centrre
Peking University
Beijing, China

ISBN 978-3-662-67626-4 ISBN 978-3-662-67627-1 (eBook)
https://doi.org/10.1007/978-3-662-67627-1

Die Deutsche Nationalbibliothek verzeichnet diese Publikation in der Deutschen Nationalbibliografie; detaillierte bibliografische Daten sind im Internet über https://portal.dnb.de abrufbar.

Übersetzung der chinesischen Ausgabe: 基于化学小分子探针的信号转导过程研究, ISBN 978-7-308-18826-5, von Lihe Zhang, © Zhejiang University Press 2018. Veröffentlicht durch Zhejiang University Press. Alle Rechte vorbehalten.

Dieses Buch ist eine Übersetzung des Originals in Englisch „Investigations on Signal Transduction Processes Utilizing Small Chemical Probes“ von Lihe Zhang, publiziert durch Springer Nature Singapore Pte Ltd. im Jahr 2024. Die Übersetzung erfolgte mit Hilfe von künstlicher Intelligenz (maschinelle Übersetzung). Eine anschließende Überarbeitung im Satzbetrieb erfolgte vor allem in inhaltlicher Hinsicht, so dass sich das Buch stilistisch anders lesen wird als eine herkömmliche Übersetzung. Springer Nature arbeitet kontinuierlich an der Weiterentwicklung von Werkzeugen für die Produktion von Büchern und an den damit verbundenen Technologien zur Unterstützung der Autoren.

Planung/Lektorat: Michael Kottusch
Springer Vieweg ist ein Imprint der eingetragenen Gesellschaft Springer-Verlag GmbH, DE und ist ein Teil von Springer Nature.
Die Anschrift der Gesellschaft ist: Heidelberger Platz 3, 14197 Berlin, Germany

Wenn Sie dieses Produkt entsorgen, geben Sie das Papier bitte zum Recycling.

Vorwort zur Reihe Reports of China's Basic Research

Wie Lao-tzu sagte: „Ein riesiger Baum wächst aus einem winzigen Sämling; ein neunstöckiger Turm erhebt sich aus einem Erdhaufen". Grundlagenforschung ist der grundlegende Ansatz zur Förderung innovationsgetriebener Entwicklung, und ihr Niveau wird zu einem wichtigen Maßstab bei der Messung der gesamtwissenschaftlichen und nationalen Stärke eines Landes. Seit dem Beginn des 21. Jahrhunderts ist Chinas Gesamtstärke in der Grundlagenforschung stetig gewachsen. Der chinesische Input in die Grundlagenforschung stieg um das 14,8-Fache von 5,22 Mrd. Yuan im Jahr 2001 auf 82,29 Mrd. Yuan im Jahr 2016, mit einer durchschnittlichen jährlichen Steigerung von 20,2 %. Im gleichen Zeitraum stieg die Zahl der in den Science Citation Index (SCI) aufgenommenen wissenschaftlichen Arbeiten Chinas von weniger als 40.000 auf 324.000; China stieg in der Weltrangliste der Anzahl an veröffentlichten Arbeiten vom sechsten auf den zweiten Platz. Hinsichtlich der Qualität des Outputs rangierte China 2016 bei der Anzahl an Zitierungen in neun Disziplinen weltweit auf Platz 2, darunter die Materialwissenschaften auf Platz 1. Im Oktober 2017 rangierte China weltweit auf Platz 3 bei der Anzahl der sowohl „highly cited papers" (Top 1 %) als auch „hot papers" (Top 0,1 %), wobei letztere 25,1 % der weltweiten Gesamtzahl an Publikationen ausmachten. Im Bereich der Talentförderung wurden 2006 175 chinesische Wissenschaftler (davon 136 vom chinesischen Festland) in der Thomson-Reuters-Liste der am häufigsten zitierten Forscher genannt, was weltweit Platz 4 und in Asien Platz 1 bedeutet.

Gleichzeitig sollte uns sehr bewusst sein, dass Chinas Grundlagenforschung vor großen Herausforderungen steht. Erstens ist die Finanzierung der Grundlagenforschung in China immer noch weit geringer als in entwickelten Ländern: Nur etwa 5 % der Mittel für Forschung und Entwicklung werden für die Grundlagenforschung verwendet, ein viel geringerer Prozentsatz als die 15–20 % in entwickelten Ländern. Zweitens ist die Kompetenz für originäre Innovationen in China unzureichend. Bedeutende wissenschaftliche Errungenschaften von globaler Wirkung sind immer noch selten. Bei den meisten wissenschaftlichen Forschungsprojekten handelt es sich nicht um bahnbrechende Forschung, sondern lediglich um Weiterführung oder Nachahmung bestehender Forschung. Drittens ist die

Entwicklung der Disziplinen nicht ausgewogen, und Chinas Forschungsniveau liegt in einigen Disziplinen deutlich unter dem internationalen Niveau: Chinas Field-Weighted Citation Impact (FWCI) in den Disziplinen erreichte 2016 gerade erst 0,94 und lag damit unter dem weltweiten Durchschnitt von 1,0.

Die chinesische Regierung legt großen Wert auf die Grundlagenforschung. Im 13. Fünfjahresplan (2016–2020) hat China wissenschaftliche und technologische Innovation priorisiert und strategische Vorkehrungen zur Stärkung der Grundlagenforschung getroffen. Generalsekretär XI Jinping legte in seiner Rede auf der Nationalen Konferenz für Wissenschaftliche und Technologische Innovation im Jahr 2016 einen umfassenden Plan für die Entwicklung Chinas zu einer weltweit führenden Macht in Wissenschaft und Technologie vor und betonte auf dem 19. Nationalkongress der KPCh am 18. Oktober 2017: „Wir sollten die Grenzbereiche von Wissenschaft und Technologie anvisieren, die Grundlagenforschung stärken und bedeutende Durchbrüche in der bahnbrechenden Grundlagenforschung und in originären Innovationen erzielen". Über mehr als 30 Jahre unermüdlicher Forschung hat die National Natural Science Foundation of China (NSFC), einer der wichtigsten Kanäle zur Förderung der Grundlagenforschung in China, allmählich ein Finanzierungsmuster entwickelt, das Forschung, Talent, Tools und Konvergenz abdeckt, und Maßnahmen ergriffen, um die Grundlagenforschung an der Front und das Wachstum wissenschaftlicher Forschungstalente energisch zu fördern, den Aufbau innovativer Forschungsteams zu stärken, regionale Zusammenarbeit und Austausch zu vertiefen und die multidisziplinäre Konvergenz voranzutreiben. Ab 2016 wurden fast 70 % der in China veröffentlichten wissenschaftlichen Arbeiten von der NSFC finanziert, was einem Anteil von 1/9 an der Gesamtzahl der weltweit veröffentlichten Arbeiten entspricht. Angesichts des neuen strategischen Ziels, China zu einer starken Nation in Wissenschaft und Technologie zu machen, wird die NSFC die vorausschauende Planung gewissenhaft stärken und die Evaluierungseffizienz erhöhen, damit China bis 2050 schrittweise das Niveau der großen innovativen Länder hinsichtlich des Gesamtforschungsvolumens, des Beitrags und der zukunftsweisenden Forscher erreicht.

Die Reihe *Advances in China's Basic Research* (*Fortschritte in Chinas Grundlagenforschung)* und die Reihe *Reports of China's Basic Research* (*Berichte über Chinas Grundlagenforschung),* die von der NSFC vorgeschlagen und geplant werden, entstehen vor diesem Hintergrund. Diese beiden Reihen, die sich mit Wissenschaft, Grundlagen und Fortschritten befassen, zielen darauf ab, innovative Errungenschaften zu vermitteln, Leistungen der Grundlagenforschung zu verbreiten und Durchbrüche in Schlüsselbereichen zu erzielen. Sie verfolgen die Entwicklungen in der chinesischen Grundlagenforschung genau und veröffentlichen herausragende, von NSFC finanzierte innovative Errungenschaften. Die Reihe *Advances in China's Basic Research* stellt vor allem die wichtigen Errungenschaften der von der NSFC finanzierten Programme vor und zeigt die bahnbrechenden und zukunftsweisenden Ergebnisse in Schlüsselfeldern der Forschung auf. Die Reihe *Reports of China's Basic Research* geben die Kerninhalte der abschließenden Berichte des von der NSFC finanzierten Major Program und Major Research Plan zur systematischen Zusammenfassung und zum strategischen Ausblick auf die Errungenschaften in den Finanzierungsprioritäten der NSFC wieder. Wir hoffen, nicht nur umfassend und systematisch die Hintergründe, die wissenschaftliche Bedeutung, das Layout der Disziplinen, die bahnbrechenden Ergebnisse der Programme und einen strategischen Ausblick für die nachfolgende Forschung vorzustellen, sondern auch innovative Ideen zusammenzufassen, die multidisziplinäre Konvergenz zu vergrößern und die kontinuierliche Entwicklung der Forschung in den betreffenden Bereichen sowie originäre Entdeckungen zu fördern.

Wie Xunzi bemerkte: „Wenn die Erde sich zu einem Berg auftürmt, werden Wind und Regen daran entstehen. Wenn Wasser sich zu einem tiefen Pool ansammelt, werden Drachen darin leben kommen". Es wird erwartet, dass die Reihen *Advances in China's Basic Research* und *Reports of China's Basic Research* zu „historischen Aufzeichnungen" der Grundlagenforschung Chinas werden. Sie werden die Forscher mit reichlich wissenschaftlichem Forschungsmaterial versorgen und sicherlich eine aktive Rolle dabei spielen, Chinas Grundlagenforschung zum Blühen zu bringen und Chinas Stärke in Wissenschaft und Technologie auszubauen.

Beijing, China

Academician of the Chinese Academy of Sciences
Wei Yang

Vorwort

Die raschen Fortschritte in Wissenschaft und Technologie verwischen die Grenzen zwischen den traditionellen Disziplinen. Multidisziplinäre Zusammenarbeit, die sich auf die Lösung wissenschaftlicher Probleme konzentriert, ist zu einem Haupttreiber des Fortschritt in verschiedenen Bereichen geworden, von der Grundlagen- bis zur translationalen Forschung. Die Forschung in den Lebenswissenschaften hat sich von Makro- hin zu Mikroaspekten entwickelt, vom Verständnis grundlegender Regeln in einfachen Systemen bis zur Erforschung wechselseitiger Beziehungen in komplexen Systemen. Es ist zu einem Schwerpunkt von Chemikern geworden, wissenschaftliche Fragestellungen zu Vorgängen des Lebens mit chemischen Konzepten und Methoden zu untersuchen. Seit 2000 hat sich die Forschung zu solchen Fragestellungen allmählich von der individuellen Zusammenarbeit zwischen Chemikern und Biologen zu einer weiteren Integration von Chemie und Biologie entwickelt, woraus die chemische Biologie als neues Feld der Lebenswissenschaften hervorging. Studien der chemischen Biologie zu Schlüsselproblemen in den Lebenswissenschaften gehen von der statischen Forschung zur dynamischen, von der qualitativen zur quantitativen und von *in vitro* zu *in vivo* über. Mit der wissenschaftlichen Entwicklung gedeiht diese Disziplin in China. Aus der strategischen Perspektive, die sprunghafte Entwicklung von Wissenschaft und Technologie zu befördern, hat die National Natural Science Foundation of China (NSFC) während des 11. Fünfjahresplans einen Major Research Plan (MRP) gestartet. Das Department of Chemical Sciences nutzte diese einzigartige Gelegenheit zur Entwicklung der chemischen Biologie in China und verfeinerte wissenschaftliche Fragestellungen durch Diskussionen über den inländischen und internationalen Fortschritt dieses Felds bei vielen Gelegenheiten zwischen 2003 und 2006, wie dem NSFC Shuang Qing Forum, dem Jiuhuashan Forum und der Xiangshan Science Conference des Ministeriums für Wissenschaft und Technologie Chinas. Der Schwerpunkt wurde schließlich als „Die Zelle – die Grundeinheit der Lebensaktivitäten – und ihr komplexes Signaltransduktionsnetzwerk“ definiert. Die Signaltransduktion bestimmt das Zellschicksal und beeinflusst physiologische und pathologische Prozesse unmittelbar. Hinsichtlich des großen wissenschaftlichen Themas der zellulären Signaltransduktion könnte die chemisch-biologische Forschung viel erreichen. Daher wurde entschieden, Signaltransduktionswege mithilfe niedermolekularer Verbindungen, sogenannte Small Molecules, zu untersuchen und zu überwachen, um die Strukturen und die Funktionen dieses komplizierten Netzwerks des Lebens zu verstehen. Im Jahr 2007 wurde der MRP „Investigations on Signal Transduction Processes Utilizing Small Chemical Probes“ offiziell gestartet.

Dieser MRP hat Talente zur Förderung der Entwicklung der chemischen Biologie in China angezogen, und noch wichtiger, er hat eine Forschungsatmosphäre unterstützt, die zur multidisziplinären Konvergenz ermutigt. Die acht Jahre, in denen der Plan kontinuierliche Unterstützung erhielt, zeugen von der raschen Entwicklung der chemischen Biologie in China. Die Anzahl von Chemikern, die mit der neuesten Entwicklung Schritt hielten und experimentelle Techniken der Lebenswissenschaften beherrschten, wuchs und chemische Labore entwickelten sich zu neuartigen, Chemie und Biologie integrierenden Laboren.

Durch die achtjährigen Bemühungen wurden große Fortschritte erzielt. Einige der neu entwickelten kleinen chemischen Sonden sind zu allgemeinen Tools für Untersuchungen von Signaltransduktion weltweit geworden. In-situ-Studien in lebenden Zellsystemen wurden mit den in dieser Zeit entwickelten Analysemethoden für Markierung und Test, bioorthogonalen Reaktionen und Forschungsmethoden der biophysikalischen Chemie realisiert. Neue zelluläre Signaltransduktionswege und neue Mechanismen physiologischer und pathologischer Prozesse wurden entdeckt, die eine Grundlage für die Behandlung von Erkrankungen bieten. Biomakromoleküle, die als Zielstrukturen für Arzneimittel infrage kommen, und vielversprechende Leitwirkstoffe wurden identifiziert, wodurch Modelle für die Arzneimittelforschung auf der Grundlage der chemischen Biologie entstanden. Im November 2016 wurde auf der Konferenz zur abschließenden Evaluierung, die von der NSFC organisiert wurde, die Reihe der Abschlussberichte dieses MRP vom Expertenteam akzeptiert.

Der MRP zur Untersuchung von Signaltransduktionsprozessen mit kleinen chemischen Sonden hat ein Fünf-plus-drei-Finanzierungsmodell übernommen. Ein Top-Level-Design basierend auf umfangreichen Untersuchungen wurde während des gesamten Prozesses von seiner Gründung bis zur Umsetzung und von der Projektauswahl bis zur Zusammenfassung der Ergebnisse angewendet, was dazu beitrug, Ideen zu bündeln und Schlüsselthemen gemeinsam anzugehen. Der Plan richtete eine Beratende Expertengruppe, eine Managementgruppe und eine Sekretariatsgruppe ein. Die Beratende Expertengruppe bestand aus dem Akademiker der Chinesischen Akademie der Wissenschaften (CAS) Zhang Lihe, dem CAS-Akademiker Lin Guoqiang, dem Akademiker der Chinesischen Akademie der Ingenieurwissenschaften Wang Hongyang, dem CAS-Akademiker Chen Yeguang, dem CAS-Akademiker Jiang Hualiang, den Forschungsprofessoren Wu Jiarui und Chen Yi sowie dem Professor Xi Zhen. Die Managementgruppe bestand aus Chen Yongjun, Feng Xuelian, Wu Lei, Du Canping, Zhuang Qiankun, Zheng Qiyu und Zhang Yan. Die Sekretariatsgruppe, die bei der Zusammenstellung der Abschlussberichte half, bestand aus Chen Peng,

Liu Lei, Chen Xing, Huang Yanyi, Yang Caiguang, Wang Jiangyun und anderen jungen Gelehrten.

Wir fühlen uns geehrt, vom Zentrum für Wissenschaftskommunikation der NSFC eingeladen worden zu sein, die Abschlussberichte dieses MRP zu erstellen, die in die Reihe der Berichte über die Grundlagenforschung Chinas aufgenommen werden sollen. Um ein umfassendes Bild der durch diesen MRP erzielten Fortschritte zu vermitteln, haben wir auch die wichtigsten Ergebnisse der neun Integrationsprojekte zusammengefasst. Forschungsprofessor Yang Caiguang war für die Zusammenstellung verantwortlich.

Während der ersten fünf Jahre des MRP wurden 132 Förderprojekte und 14 Schlüsselprojekte finanziert. Basierend auf diesen Forschungsergebnissen wurden neun Integrationsprojekte mit Breakthrough-Potenzial eingerichtet. Hunderte von Menschen haben an diesem MRP teilgenommen und mit großem Einsatz Beiträge geleistet. In diesem Zusammenhang möchte ich allen Teilnehmern meinen aufrichtigen Dank aussprechen.

Beijing, China

Lihe Zhang
Academician of the Chinese Academy of Sciences

Inhaltsverzeichnis

Autorenverzeichnis

Yeguang Chen School of Life Sciences, Tsinghua University, Beijing, China

Yi Chen Key Laboratory of Analytical Chemistry for Living Biosystems Institute of Chemistry, Chinese Academy of Sciences, Beijing, China

Hualiang Jiang Shanghai Institute of Materia Medica, Chinese Academy of Sciences, Shanghai, China

Guoqiang Lin Shanghai Institute of Organic Chemistry, Chinese Academy of Sciences, Shanghai, China

Hongyang Wang Shanghai Cancer Institute, Shanghai, China

Jiarui Wu University of Chinese Academy of Sciences, Beijing, China

Zhen Xi State Key Laboratory of Elemento-organic Chemistry (Nankai University), Tianjin, China

Kapitel 1
Projektübersicht

Wei Yang und Lihe Zhang

1.1 Einleitung

Der „Major Research Plan of Investigations on Signal Transduction Processes Utilizing Small Chemical Probes" (im Folgenden als MRP bezeichnet) wurde von der National Natural Science Foundation of China (NSFC) während des 11. Fünfjahresplans gestartet. Die NSFC-Abteilung für chemische Wissenschaften hatte zusammen mit der Abteilung für Lebenswissenschaften jahrelang an der Konzeption und der Vorbereitung dieser Forschungsinitiative gearbeitet. Nach hinlänglicher Kommunikation und Diskussion zwischen Chemikern und Biologen wurde dieser MRP der chemischen Biologie im Jahr 2007 offiziell gestartet und veröffentlichte im Januar erstmals Leitfäden und akzeptierte Anträge. Seitdem wurden offiziell vier Leitfäden für Schlüssel- und Förderprojekte (eine in jedem Jahr von 2007 bis 2010), zwei für Integrationsprojekte (je eine in den Jahren 2013 und 2014) sowie eine Stellungnahme zur Erhöhung der Finanzierung für Integrationsprojekte in mehreren Bereichen (2015) veröffentlicht. Die 649 eingegangenen Anträge fielen in die Bereiche der sechs NSFC-Abteilungen Mathematik und Physik, Chemie, Lebenswissenschaften, Ingenieurwesen und Materialwissenschaften, Informationswissenschaften sowie Gesundheitswissenschaften, wobei die meisten in den Bereich der Abteilungen Chemie und Lebenswissenschaften (und die im Jahr 2009 gegründete Abteilung Gesundheitswissenschaften) fielen. Durch Screening mittels Überprüfungen auf schriftlichem Weg sowie Abstimmungen in Ausschusssitzungen von Fachexperten,

W. Yang
National Natural Science Foundation of China, Beijing, China

W. Yang
Zhejiang University, Hangzhou, Zhejiang, China

L. Zhang (✉)
Health Science Centre, Beijing University, Beijing, China
E-Mail: honghuijie@zju.edu.cn

L. Zhang, *Untersuchungen zu Signaltransduktionsprozessen mit Hilfe kleiner chemischer Sonden*, https://doi.org/10.1007/978-3-662-67627-1_1

einschließlich Mitgliedern der Beratenden Expertengruppe, wurden insgesamt 160 Projekte zur Finanzierung ausgewählt, bestehend aus 132 Förderprojekten, 14 Schlüsselprojekten, 9 Integrationsprojekten und 5 strategischen Forschungsprojekten. Die antragstellenden Organisationen der Projektleiter befanden sich in 19 Provinzen, autonomen Regionen und Gemeinden. Es gab 79 Projekte von antragstellenden Organisationen des Bildungsministeriums, 62 von solchen der Chinese Academy of Sciences und 19 von anderen Organisationen. Die Finanzierung belief sich auf insgesamt 200 Mio. Renminbi (RMB). Alle geförderten Projekte wurden bis Ende 2015 erfolgreich abgeschlossen.

1.1.1 Ausgestaltung und umfassende Integration

Der MRP wurde in zwei Phasen umgesetzt. Phase 1, die Förderphase, war auf Kernfragestellungen der Leitfäden ausgerichtet, um Projekte der Öffentlichkeit zu sammeln und freie Explorationen zu fördern, während einige Projekte in wichtigen Bereichen unterstützt wurden. Insgesamt wurden in dieser Phase 606 Vorschläge eingereicht. Nach Prüfungen über Schriftverkehr und in Ausschüssen durch Experten wurden 124 Projekte offiziell finanziert (110 Förderprojekte und 14 Schlüsselprojekte). Die vier Leitfäden der Förderphase wurden vor der Veröffentlichung in der Beratenden Expertengruppe diskutiert und waren Gegenstand von Ergänzungen und Anpassungen in Bezug auf das Hauptthema niedermolekulare Verbindungen und deren Entwicklung im Grenzbereich verwandter Disziplinen.

Phase 2, die Integrationsphase, zielte darauf ab, Forschungsschwerpunkte auf Grundlage der Forschungsergebnisse der Förderphase zu verfeinern, nachdem die Projekte von der Beratenden Expertengruppe bewertet worden waren, um die wichtigsten wissenschaftlichen Themen zu abstrahieren und so die bereitgestellte Finanzierung für die identifizierten Projekte zu erhöhen. Insgesamt wurden aus den in Phase 1 geförderten Projekten 32 gut abgeschlossene ausgewählt, die das Potenzial für Breakthroughs hatten. Entsprechend den in der Leitlinie zum MRP 2007 vorgeschlagenen Hauptrichtungen wurden sie in vier Integrationsthemen zusammengefasst: (i) Untersuchungen zu Regulationsmechanismen des Glykolipidstoffwechsels mithilfe niedermolekularer Verbindungen, (ii) Untersuchungen zu den durch niedermolekulare chemische Verbindungen induzierten zellulären Signaltransduktionswegen, (iii) Untersuchungen zu molekularen Mechanismen der Bestimmung des Zellschicksals unter Verwendung niedermolekularer Verbindungen sowie (iv) Entwicklung neuer Analysemethoden und -techniken zur Untersuchung von Signaltransduktionsprozessen.

Darüber hinaus wurde das Thema „Untersuchungen zu den auf Ligandenregulation basierenden nukleinsäureverbundenen Signaltransduktionswegen", das sich in der Förderphase naturgemäß herausgebildet hatte, von der Beratenden Expertengruppe zusammengefasst und hervorgehoben. Angesichts des internationalen Fortschritts in der Erforschung von Signaltransduktionsprozessen unter Verwendung niedermolekularer Verbindungen wurde das vielversprechende Thema „Regulierung einiger glykanvermittelter zellulärer Erkennungsprozesse“ eingegliedert, das sich ebenfalls in der Förderphase herausgebildet hatte. Der Leitfaden zu den sechs Integrationsthemen wurde 2012 veröffentlicht. Nach Antragstellung, Peer- und Ausschussprüfungen wurden sechs von zehn Teams für die Finanzierung ausgewählt.

Im Jahr 2013 wurden entsprechend der Leitlinie 2007 zusätzliche Integrationsprojekte in definierten Schlüsselforschungsrichtungen finanziert. Nach dem Screening der gut abgeschlossenen Projekte in den drei Bereichen Entwicklung von Verbindungen und Tools, Nachweismethoden und Pathway-Untersuchungen forderte die Beratende Expertengruppe hervorragende junge Wissenschaftler in China auf, sich für drei Integrationsthemen zu bewerben: (i) Entwicklung und Anwendung proteinbasierter Verbindungen bei der Signaltransduktion; (ii) neue Nachweismethoden zur Untersuchung der Signaltransduktion unter Verwendung niedermolekularer Verbindungen; und (iii) chemisch-biologische Untersuchungen zur Regulierung der Zellplastizität bei der Signaltransduktion. Drei Forschungsteams mit komplementären Vorzügen wurden gebildet, wobei die kombinierten Studien zu Methoden, Techniken und spezifischen biologischen Prozessen hervorgehoben und auf Breakthroughs in wichtigen wissenschaftlichen Bereichen fokussiert wurden. Im Jahr 2014 wurden die Forschungsteams der ersten Integrationsprojekte überprüft 20 Teams gut abgeschlossener Teilprojekte zur weiteren Finanzierung ausgewählt. Außerdem wurden zwei Forschungsteams von eng mit dem MRP zusammenhängenden Projekten zur Einreichung von Anträgen eingeladen und erhielten finanzielle Mittel.

1.1.2 Interdisziplinäre Zusammenarbeit

Als Major Research Plan in chemischer Biologie spiegelten die Untersuchungen von Signaltransduktionsprozessen unter Verwendung niedermolekularer Verbindungen die Konvergenz mehrerer Disziplinen wider. Es wurde die interdisziplinäre Zusammenarbeit zwischen Biologie und Chemie, einschließlich organischer synthetischer Chemie, Naturstoffchemie, medizinischer Chemie, analytischer Chemie, anorganischer Chemie und physikalischer Chemie etabliert; und die multidisziplinäre Zusammenarbeit zwischen Chemie, Medizin, Materialwissenschaften und Biologie gefördert. Im Forschungsbereich Signaltransduktion ergänzten sich die Disziplinen gegenseitig. Auf diese Weise löste die Zusammenarbeit Schlüsselfragestellungen in der Biologie, förderte die Pionierforschung in diesen Gebieten und erreichte eine breite Beteiligung von Experten. Die Konvergenz der Disziplinen zeigte sich in vier Aspekten.

1. **Organische synthetische Chemie und Zellbiologie**

Durch den Einsatz der chemischen Synthese und mit dem Fokus auf wichtige Biomakromoleküle in Signaltransduktionswegen wurde die strukturelle Vielfalt niedermolekularer Verbindungen genutzt, um die Regeln der Regulation und die Mechanismen von Signaltransduktionswegen im Zusammenhang mit physiologischen Aktivitäten aufzudecken. Eine Reihe hochkomplexer, diversifizierter Verbindungen wurde entworfen und synthetisiert, um molekulare Schlüsselereignisse in lebenden Zellen zu untersuchen, zum Beispiel die wichtigen Signaltransduktionsprozesse, die von JAK/STAT und Wnt vermittelt werden. Methoden zur spezifischen Markierung und Manipulation von Biomakromolekülen, einschließlich Proteinen, Nukleinsäuren und Kohlenhydraten, wurden hervorgehoben, da sie zu neuen Einblicken in die Regulationsmechanismen der beteiligten Signaltransduktionswege führen könnten.

2. **Naturstoffchemie und Biochemie**

Die Vorteile der Naturstoffressourcen Chinas wurden zur Entdeckung verschiedener sogenannter Star-Moleküle genutzt, die zelluläre Signaltransduktionswege regulieren. Durch Trennung, Reinigung und chemische Synthese von Naturstoffen wurde eine Reihe von Naturprodukten identifiziert, die die Aktivität mehrerer wichtiger Signaltransduktionswege verstärken oder hemmen können.

3. **Medizinische Chemie und Medizin**

Zur Realisierung des Modells der Wirkstoffentdeckung „von funktionalen Genen zu Arzneimitteln“ wurden kombinierte Studien über Signaltransduktionsprozesse und Entdeckung von Zielstrukturen, Validierung von Arzneimittelzielstrukturen und das Screening von Wirkstoffen als neue Forschungsstrategien eingeführt, um die Grundlagenforschung zu neuen Wirkstoffzielverbindungen für verschiedene wichtige Erkrankungen zu verwirklichen.

4. **Analytische Chemie, physikalische Chemie, Materialwissenschaften und Biologie**

Mit den Mitteln der chemischen Analyse wurden neue Analysemethoden und -techniken entwickelt, um Informationen über Signaltransduktionsprozesse auf den verschiedenen Ebenen von Molekülen, Zellen bis hin zu lebenden Systemen zu sammeln. Mithilfe der Fortschritte in Spitzentechnologien wie Mikrofluidik, dynamischer Einzelmoleküldetektion und hochauflösender Bildgebung wurde deren Anwendung bei Signaltransduktionsprozessen vorbereitend erforscht.

Seit seiner offiziellen Einführung ist der MRP stets dem allgemeinen Prinzip „beschränkte Ziele, um eine stetige Unterstützung zu ermöglichen, und integrierte Themen, um eine sprunghafte Entwicklung zu realisieren“ gefolgt und verwirklicht innovative Forschung in Grenzbereichen der interdisziplinären Felder von Chemie und Lebenswissenschaften. Die Interdisziplinarität wurde durch die Verbesserung des Top-down-Designs und die Verfeinerung der wissenschaftlichen Ziele aktiv gefördert. Die Annäherung zwischen Chemie und verschiedenen Disziplinen, wie Biologie und Materialwissenschaften, wurde erheblich erleichtert und ermöglichte multidirektionale Erweiterungen der Forschungsbereiche der chemischen Biologie zur erheblichen Förderung dieser Disziplin in China. Der MRP hat auch ein Team von Talenten in der chemischen Biologie gefördert und dazu beigetragen, dass Chinas Forschung in diesem Bereich allmählich eine eigene Stimme in der Welt erhält. Im Jahr 2008 wurden die Beratende Expertengruppe und die Managementgruppe zur Veröffentlichung eines Beitrags in *Nature Chemical Biology* eingeladen, um den MRP und die Forschung in der chemischen Biologie in China vorzustellen.

1.2 Forschungsübersicht

1.2.1 Allgemeine wissenschaftliche Zielsetzungen

Ziel dieses MRP war es, die Vorteile der Konvergenz von Chemie und verschiedenen Disziplinen wie Lebenswissenschaften und Medizin zu nutzen, um einen Durchbruch gegenüber den traditionellen Forschungsmethoden in den einzelnen Disziplinen Chemie und Lebenswissenschaften zu erreichen. Mithilfe von niedermolekularen Verbindungen wurde versucht, neue Methoden und Technologien zu entwickeln, molekulare Schlüsselereignisse in Signaltransduktionsprozessen in lebenden Systemen zu untersuchen, die Mechanismen der regulatorischen Signalgebung von Zellen aufzudecken und Anhaltspunkte für die Entdeckung von Biomarkern, Arzneimittelzielstrukturen und Leitverbindungen für die Diagnose und die Behandlung von schweren Erkrankungen zu finden. Außerdem sollte die Konvergenz der Forschung in der Chemie und den Lebenswissenschaften gefördert werden, um Anknüpfungspunkte für neue Disziplinen zu schaffen.

1.2.2 Wissenschaftliche Kernfragen

Dieser MRP zielte darauf ab, die folgenden vier wissenschaftlichen Kernfragen zu erforschen.

1. **Erzeugung niedermolekularer Verbindungen zur Untersuchung der Signaltransduktion**

Bioaktive kleine Moleküle unterschiedlichster Strukturen waren wichtige Ausgangssubstanzen und funktionale Proben zur Untersuchung von Signaltransduktionsmechanismen und stellen eine wichtige Quelle für Leitverbindungen in der Arzneimittelforschung dar. Obwohl China eine solide Grundlage für die Identifizierung und Synthese von Naturstoffen geschaffen hat, hat sich diese Stärke nicht in einer verbesserten Entdeckung von chemischen Verbindungen zur Untersuchung biologischer Funktionen niedergeschlagen, insbesondere von niedermolekularen Verbindungen, die von großem Wert sind, was auf die mangelnde Zusammenarbeit zwischen Chemikern und Biologen in China zurückzuführen ist. Dieser MRP konzentrierte sich auf die Untersuchung der Regulation von Signaltransduktionsprozessen und verwandten zellulären physiologischen Funktionen, die Entwicklung neuer Methoden und Technologien zur Gewinnung aktiver niedermolekularer Verbindungen und die Verbesserung der Fähigkeiten zur Synthese niedermolekularer Verbindungen. Darüber hinaus wurden in diesen Projekten chemische Verbindungen gesammelt und allmählich eine gemeinsame Bibliothek aktiver niedermolekularer Verbindungen und Proben aufgebaut.

2. **Entwicklung von Nachweismethoden zur Erfassung von Informationen über die Aktivitäten und Wechselwirkungen von Biomakromolekülen in lebenden Systemen, die durch niedermolekulare Verbindungen beeinflusst werden**

Signaltransduktionsprozesse sind an vielen Wechselwirkungen zwischen verschiedenen Molekülen beteiligt, einschließlich den Wechselwirkungen zwischen Biomakromolekülen in Zellen (wie Protein-Protein-Interaktionen und Protein-Nukleinsäure-Interaktionen), der zellulären Erkennung von Molekülen und den Wechselwirkungen zwischen Biomakromolekülen und niedermolekularen Verbindungen. Zur Ausführung der verschiedenen Funktionen und Aktivitäten bilden sich komplexe Netzwerke an Interaktionen. Ein entscheidender Schritt zur Aufklärung von Signaltransduktionsmechanismen lag in der Gewinnung von Informationen über intermolekulare Wechselwirkungen in lebenden Systemen.

3. **Untersuchungen von Signaltransduktionsmechanismen auf der Grundlage niedermolekularer Verbindungen**

Signaltransduktionsprozesse sind an der Übertragung der an den Zellmembranen erzeugten Informationen auf intrazelluläre Effektorsysteme wie Zellkerne sowie an der Übertragung von Signalen zwischen Zellen beteiligt. Diese Prozesse wurden in der Regel auf der Grundlage von Wechselwirkungen verschiedener Moleküle, beispielsweise Proteine, untersucht, die hoch reversibel und von kurzer Dauer sind. Die Anwendung chemisch-biologischer Methoden auf die Untersuchung von Signaltransduktionsprozessen wies einige deutliche Vorteile auf. Zum Beispiel können Experimente auf kontrollierbare und reversible Weise stetig durchgeführt werden. Verbindungen können jederzeit hinzugefügt oder entfernt werden, um eine spezifische Reaktion von Zellen zu initiieren oder zu beenden. Die meisten niedermolekularen Verbindungen wirken schnell auf Zielproteine und können in Echtzeit getestet werden. Darüber hinaus kann die Dynamik der korrespondierenden Zielverbindungen durch veränderte Molekülkonzentrationen analysiert werden. Ein weiterer Vorteil besteht in der verbreiteten Nutzung ein und derselben Verbindung, um auf einen bestimmten Prozess oder eine bestimmte Funktion in verschiedenen Organismen einzuwirken. Im Rahmen dieses MRP wurden niedermolekulare Verbindungen in der chemisch-biologischen Forschung eingesetzt, die sich auf wichtige molekulare Ereignisse in Signaltransduktionsprozessen in lebenden Systemen konzentrierte, um Regulationsmechanismen zellulärer Signalgebung aufzudecken.

4. **Entdeckung von Biomarkern für Erkrankungen sowie von Arzneimittelzielverbindungen und Leitverbindungen auf der Grundlage von Signaltransduktionsprozessen**

Auf der Grundlage der Ergebnisse aus den oben genannten Themenbereichen wurden weitere Untersuchungen zu Funktionen und Interaktionsnetzwerken wichtiger Proteine durchgeführt, um Biomarker, Arzneimittelzielverbindungen und Leitverbindungen im Zusammenhang mit Erkrankungen zu entdecken und eine Grundlage für Prävention, Diagnose und Behandlung von Erkrankungen zu schaffen.

1.3 Erhebliche Fortschritte

Dieser MRP hat die Vorteile der multidisziplinären Zusammenarbeit von Chemie und Lebenswissenschaften voll ausgespielt. Es wurden niedermolekulare Verbindungen als Hauptwerkzeuge angewendet, um molekulare Schlüsselereignisse und ihre Mechanismen in Signaltransduktionsprozessen weiter zu erforschen. Insbesondere wurden Durchbrüche bei der Erforschung der Regulation des Zellschicksals, des Glykolipidmetabolismus, der Aufrechterhaltung der Pluripotenz und der Reprogrammierung sowie einer Reihe von klassischen Signaltransduktionswegen erzielt. Es wurden molekulare Mechanismen von physiologischen Prozessen wie Zellproliferation, Differenzierung, Apoptose, Migration und Reprogrammierung aufgedeckt, die Beziehungen zwischen zellulären Signaltransduktionenwegen und epigenetischer Regulation wurden analysiert und es wurden Arzneimittelzielverbindungen vorgeschlagen, die spezifisch in entsprechende pathologische Prozesse eingreifen.

In mehr als achtjähriger Arbeit hat dieser MRP die vorgesehenen Aufgaben erfolgreich erfüllt und die allgemeinen wissenschaftlichen Zielsetzungen erreicht. In Anbetracht der Evaluationen durch die Beratende Expertengruppe hat dieser MRP in den vorgeschlagenen vier wissenschaftlichen Schlüsselfragestellungen erhebliche Fortschritte erzielt.

1.3.1 Entwicklung niedermolekularer Verbindungen (>300 Typen) basierend auf Naturstoffen und chemischer und biologischer Synthese sowie Entdeckung mehrerer „Star-Moleküle“

In diesem MRP wurden zelluläre Signaltransduktionswege wichtiger biologischer Prozessen untersucht und systematisch eine Reihe neuartiger niedermolekularer Verbindungen mit unabhängigen intellektuellen Eigentumsrechten erfasst. Mehr als 300 Arten niedermolekularer Verbindungen wurden auf der Grundlage von

Naturstoffen sowie chemischer und biologischer Synthese entwickelt, und mehrere „Star-Moleküle“ erhalten, die molekulare Tools zur Aufdeckung von Signaltransduktionsprozessen, zur Entdeckung neuer Signaltransduktionswege und zum Verständnis verwandter physiologischer und pathologischer Mechanismen lieferten (Abb. 1.1). Zum Aufbau einer vielfältigen Bibliothek an Verbindungen wurden organische Synthesetechnologien entwickelt, die als Schlüsselmethoden zur Synthese einer Gruppe an niedermolekularen Substanzen mit einzigartigen Strukturen eingesetzt wurden. Zur effizienten Erzeugung bioaktiver niedermolekularer Verbindungen, die als Zielverbindungen für Biomakromoleküle wie Proteine und Nukleinsäuren dienen, wurden Biosynthesemethoden weiterentwickelt. In diesem MRP wurden auch die einzigartigen und reichhaltigen Ressourcen von Naturstoffen in China genutzt und spezielle Bibliotheken aktiver Moleküle mithilfe von chemischen und biologischen Synthesemethoden sowie der Trennung von Naturstoffen aufgebaut. Darüber hinaus wurden effiziente

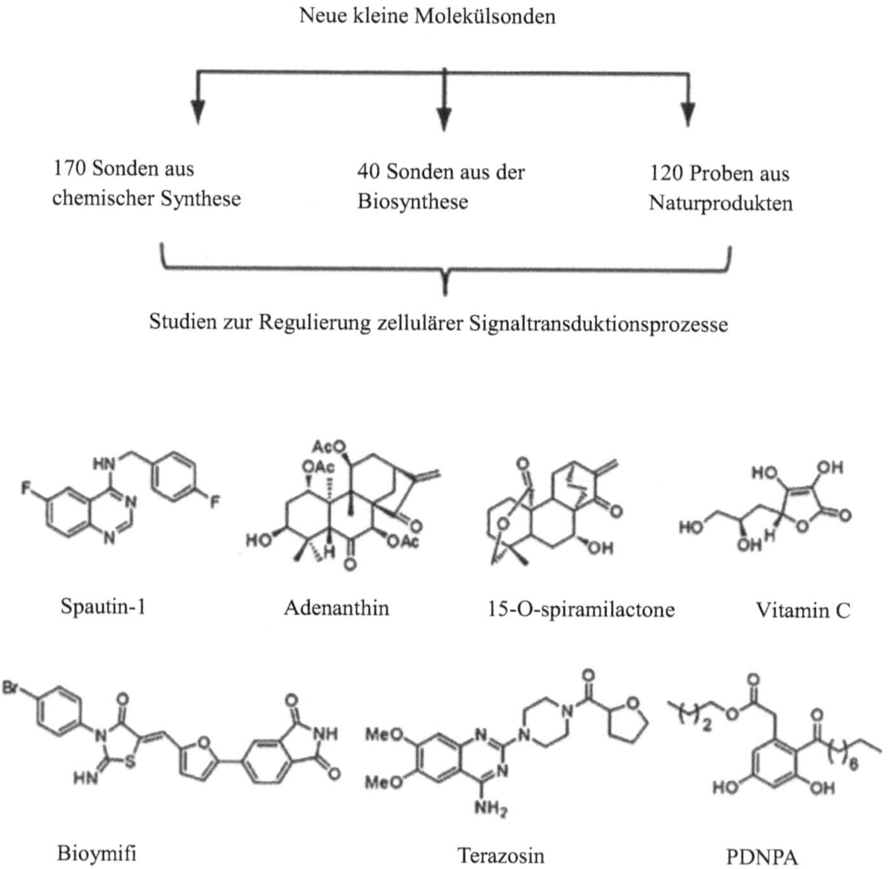

Abb. 1.1 Repräsentative niedermolekulare Verbindungen

chemische Synthesemethoden für den Aufbau kombinatorischer Bibliotheken von Naturstoffen, komplexen natürlichen Glykokonjugaten und Oligosacchariden, Cyclopeptiden und Polypeptiden mit verschiedenen modifizierten Gruppen entwickelt. Auch biologische Synthesemethoden zur Gewinnung aktiver Moleküle wurden entwickelt. Diese Anstrengungen haben zu neuartigen Molekülen für eine Reihe von Forschungsarbeiten über zelluläre Signaltransduktionswege geführt. Mithilfe dieser Verbindungen haben die Forschungsgruppen biologische Prozesse wie Autophagie, Apoptose und gerichtete Migration von Immunzellen aufgeklärt und die molekularen Mechanismen von Signaltransduktionswegen einschließlich TGF- und G-Protein-gekoppeltem Rezeptor, Wnt, TNF-α und NF-κB aufgedeckt. Sie identifizierten die Wirkstoffe von Naturprodukten und ermittelten deren Bindungsziele, was die Entdeckung von Arzneimitteln zur Behandlung von Erkrankungen wie Leukämie, lysosomale Speicherkrankheit, Schlaganfall, Sepsis, Adipositas und Morbus Alzheimer voranbringen wird.

1.3.2 Entwicklung spezieller Techniken und Analysemethoden der chemischen Biologie einschließlich der bioorthogonalen Reaktion und der Detektion einzelner Moleküle bzw. Zellen

Angesichts der technischen Herausforderungen bei der Erforschung zellulärer Signaltransduktionsprozesse wurden in diesem MRP klassische Strategien der chemischen Biologie, beispielsweise die bioorthogonale Reaktion, in die Forschung eingebracht, deren Optimierung und Anwendung in lebenden Systemen betont sowie deren Vorteile, wie hohe Spezifität, Sensitivität und Auflösung, hervorgehoben. Große Durchbrüche wurden in der chemischen Markierung, der Probenentwicklung, in Bildgebungsmethoden, in den Omics-Technologien, in Trennmethoden, in der Mikrofluidikmethode, der Sensortechnologie und in anderen Technologien erzielt.

Basierend auf den Forschungsinhalten und -bedarfen wurde im Rahmen dieses MRP eine Reihe charakteristischer chemischer Methoden zur Markierung, Aktivierung und Manipulation von Biomakromolekülen entwickelt sowie akkurate Markierung, hochsensitive Bildgebung und gezielte Regulation in hoher zeitlich-räumlicher Auflösung von Proteinen, Glykanen und Nukleinsäuren in lebenden Zellen und Tieren verwirklicht. Es wurden Schlüsselanalysetechnologien und -methoden erfunden, die empfindlich und praktisch waren, insbesondere solche, die Organismen auf vernetzter Ebene, ganzheitlich und auf Einzelmolekül- bzw. Einzelzellebene untersuchen. Die Messmethoden wurden von den früheren, extrem vom Gruppendurchschnitt abhängigen Methoden auf solche mit hoher Genauigkeit, Dynamik und Empfindlichkeit umgestellt, die auf Individuen, insbesondere einzelne Moleküle oder Zellen, abzielen. Wichtige biologische Informationen wurden auf der Ebene von Molekülen, Zellen oder lebenden Tieren gewonnen. In diesem MRP wurden auch mehrere optische Proben zum Echtzeitnachweis wichtiger bioaktiver Moleküle, beispielsweise Metallionen, freie Radikale und reaktive Sauerstoffspezies, in lebenden Zellen sowie *In-situ*-Nachweissensoren für Glykosylierungsstellen und Glykane auf Zelloberflächen entwickelt. Es wurden neuartige Methoden zur Detektion von Proteinen und Nukleinsäuren etabliert, die die chemische Antikörper-Aptamer-Erkennung nutzen, sowie Massenspektrometrie- und optische Nachweismethoden zum Profiling von strukturellen Komplexen aus Proteinen und Wirkstoffen bzw. Liganden sowie zur Aufdeckung der Erkennungsmechanismen entwickelt.

1.3.3 Aufklärung von Schlüsselsignaltransduktionsprozessen einschließlich Zellreprogrammierung, Glykolipidstoffwechsel, Zellapoptose und Wnt- Signaltransduktionswege

Bei der Erforschung von Signaltransduktionsprozessen ließen sich niedermolekulare Verbindungen leicht regulieren, funktionierten schnell und ergaben immer erkennbare quantitative Zusammenhänge. Diese ausgeprägten Vorteile waren besonders geeignet für die Untersuchung hochdynamischer und transienter Signaltransduktionsprozesse. Daher brachte dieser MRP Expertise an der Schnittstelle von chemischer und biologischer Forschung zusammen. Der Fokus auf wichtige Überschneidungen zwischen der Regulation von Zellidentität und molekularen Schlüsselereignissen in Signaltransduktionsprozessen durch die Nutzung aktiver niedermolekularer Verbindungen erlaubte die Erforschung der Gesetzmäßigkeiten der Regulation und der molekularen Mechanismen bei der Festlegung von Zellidentität. Dabei wurden die molekularen Muster von Zellreprogrammierung und Regulation der Zellplastizität gemeistert, neuartige Mechanismen entdeckt, die den Glykolipidstoffwechsel regulieren, sowie die Arbeitsweise verschiedener klassischer Signalwege besser verstanden. Beispielsweise wurden im Rahmen dieses MRP neuartige Pathways und damit zusammenhängende regulatorische Zielmoleküle verschiedener Prozesse, darunter die Differenzierung von Leukämiezellen, Autophagie und Tumorapoptose, aufgedeckt, regulatorische Mechanismen des negativen Feedback beim Cholesterin- und Insulinstoffwechsel entdeckt, die Effizienz der Zellreprogrammierung verbessert, effiziente Inhibitoren verschiedener Signalwege entwickelt sowie die Dynamik und die Öffnungsmechanismen von säureempfindlichen Ionenkanälen analysiert.

1.3.4 Entdeckung neuer Ziel- und Leitverbindungen für Infektions-, Stoffwechsel- und Entzündungskrankheiten sowie Tumoren

Basierend auf Entwicklung und Anwendung neuartiger niedermolekularer Verbindungen zur Untersuchung wichtiger zellulärer Signaltransduktionswege und wichtiger biologischer Ereignisse bei der Signaltransduktion konzentrierte sich dieser MRP auch auf grundlegende Fragestellungen bei der Entdeckung von Wirkstoffen gegen wichtige Erkrankungen sowie auf neue Konzepte zur Entdeckung und Validierung von Arzneimittelzielverbindungen. Es wurden bedeutende Fortschritte bei der Anwendung niedermolekularer Verbindungen und neuer Zielverbindungen zur frühen Entwicklung von First-in-Class-Medikamenten erzielt. Für wichtige Felder der Arzneimittelentwicklung, einschließlich Krebserkrankungen, Immunkrankheiten, neurodegenerativen Erkrankungen und Infektionskrankheiten, wurden Studien in den Vordergrund gestellt, die neue Zielproteine in wichtigen Pathways untersuchten, darunter Metallionentransport, Ubiquitinierung in der Signaltransduktion und dessen Regulation, Zwei-Komponenten-Sensorsysteme, Glykolipidstoffwechsel sowie Zelldifferenzierung, sowie die effektive funktionale Erforschung und Verifizierung von krankheitsassoziierten Zielmolekülen abgeschlossen. Im Rahmen dieses MRP wurden auch niedermolekulare Leitverbindungen mit neuartigen Strukturen, die aus Naturstoffen oder im Labor synthetisierten Verbindungen abgeleitet sind, gewonnen und neuartige Bindungsstellen und Funktionen bekannter Zielverbindungen identifiziert sowie vielversprechende Leitverbindungen für pharmazeutische Unternehmen lizensiert. Diese Studien führten zur beschleunigten Identifizierung und Validierung neuer Zielverbindungen. Darüber hinaus ist es gelungen, neue Muster bei der Arzneimittelentdeckung zu entwickeln – weg von den klassischen Mustern, die auf Erfahrungen und pharmakologischen Modellen beruhen, hin zu neuen Mustern der gezielten Arzneimittelentwicklung, die auf Zielmolekülen und Krankheitsgenotypen basieren. Diese Errungenschaften haben die zentrale Stellung der chemischen Biologie bei der Entdeckung innovativer Arzneimittel deutlich gemacht.

In Tab. 1.1 werden die Entwicklungstrends der mit dem MRP verbundenen wichtigen Gebiete verglichen.

Tab. 1.1 Vergleich der Entwicklungstrends

Bereich	Internationaler Hintergrund	Zu Beginn dieses MRP	Am Ende dieses MRP
Chemische Proben	Florieren der „Intervention mit niedermolekularen Verbindungen“	Eng gefasste Kategorien und geringe Mengen	Gesamte Bandbreite und reichlich in Menge Entdeckung mehrerer Star-Verbindungen
Spezielle Techniken der chemischen Biologie	Schrittweise Entwicklung spezieller Techniken der chemischen Biologie	Nahezu keine	Entwicklung verschiedener Mainstream-Forschungstechniken
Erforschung der Mechanismen der Signaltransduktion	Erforschung der Signaltransduktion unter Verwendung niedermolekularer Verbindungen und traditioneller Methoden ergänzten sich effektiv	Mangel an systematischer Arbeit	Analyse einer Reihe von Schlüsselsignaltransduktionswegen
Zielmoleküle für Wirkstoffe und chemische Intervention	Ein neues Schema der Medikamentenentwicklung basierend auf chemischer Biologie	Mangel an Forschung, die von der chemischen Biologie geleitet wird	Entdeckung von Zielmolekülen und Verbindungen mithilfe der chemischen Biologie

Kapitel 2
Inländische und ausländische Forschung

Wei Yang und Lihe Zhang

Seit Beginn des 21. Jahrhunderts erlebt die chemische Biologie als aufstrebende Disziplin eine beispiellose Entwicklung. Eine zunehmende Zahl an Chemikern aus traditionellen Bereichen arbeitet mit Biologen auf dem Gebiet der chemischen Biologie mit Fokus auf die Lösung wissenschaftlicher Fragestellungen und die Entwicklung von Forschungstools zusammen, wodurch unser Verständnis für komplexe lebende Systeme erheblich befördert wurde. Die Forscher nutzen, worin sie gut sind: chemische Synthesestrategien, chemische Reaktionstechniken und niedermolekulare Substanzen, um Biomakromoleküle und lebende Systeme zu markieren, zu modifizieren und zu beeinflussen. Sie entwickeln auch Analyse- und Nachweistechnologien der nächsten Generation, die empfindlicher und genauer bei der systematischen Beobachtung, Detektion und Manipulation unerforschter lebender Systeme sind. Die beiden sich ergänzenden Forschungsinstrumente haben unsere Strategien für die Untersuchung des Lebendigen gemeinschaftlich vorangebracht und bereichert. Die chemisch-biologische Forschung konzentriert sich hauptsächlich auf das Enthüllen der Mechanismen physiologischer Prozesse auf molekularer Ebene mithilfe exogener chemischer Reaktionen oder mithilfe von Molekülen zur Regulation und Intervention lebender Systeme, was den Weg für die künftige Arzneimittelentwicklung ebnet. Dieses Kapitel beschreibt den heimischen und internationalen Fortschritt in der chemischen Biologie hinsichtlich der Entwicklung spezieller Tools, beispielsweise niedermolekulare Verbindungen und bioorthogonale Reaktionen, Fortschritten in biologischen Nachweistechniken und biologieorientierter Problemanalyse.

W. Yang
National Natural Science Foundation of China, Beijing, China

W. Yang
Zhejiang University, Hangzhou, Zhejiang, China

L. Zhang (✉)
Health Science Centre, Beijing University, Beijing, China
E-Mail: honghuijie@zju.edu.cn

L. Zhang, *Untersuchungen zu Signaltransduktionsprozessen mit Hilfe kleiner chemischer Sonden*, https://doi.org/10.1007/978-3-662-67627-1_2

2.1 Das Erstarken der „Small-Molecule Intervention"

Bioaktive niedermolekulare Verbindungen von mannigfaltiger Struktur sind wichtige Moleküle zur Untersuchung von Signaltransduktionsmechanismen und Schlüsselquellen zur Identifizierung von Leitverbindungen für die Arzneimittelentwicklung. Sie gehören zu den am häufigsten verwendeten Tools der chemischen Biologie und haben sich in zahlreichen Bereichen von der Grundlagenforschung bis zur klinischen Umsetzung als erfolgreich erwiesen. Die Idee der chemischen Probe hat sich in der Forschungsgemeinschaft festgesetzt und prägte die intensivste Zusammenarbeit zwischen Chemikern und Biologen.

2.1.1 Auf Vielfalt ausgerichtete funktionale Bibliothek an chemischen Verbindungen

Seit immer mehr aktive niedermolekulare Verbindungen zur Entwicklung von Proben und zur Analyse von Signaltransduktionswegen genutzt werden, geben sich Wissenschaftler mit Medikamenten und bioaktiven Naturstoffen nicht mehr zufrieden. Sie bemühen sich, niedermolekulare Verbindungen mit neuen Funktionen in der chemischen Biologie zu finden. Bibliotheken an niedermolekularen Verbindungen unterschiedlichster Struktur werden von Medizinchemikern durchsucht, um Leitverbindungen für die Arzneimittelentwicklung zu identifizieren, und von chemischen Biologen genutzt, um Proben zu entwickeln, wobei verschiedenen Syntheseweisen, wie der diversitätsorientierten Synthese (DOS), mehr Aufmerksamkeit geschenkt wird. Darüber hinaus haben chemische Biologen, im Gegensatz zu Medizinchemikern, die neu entwickelte niedermolekulare Verbindungen als arzneimitteltaugliche („druggable") Leitverbindungen benötigen, höhere Anforderungen an die biologische Aktivität und Spezifität, um die biologischen Mechanismen der Signaltransduktion zu untersuchen.

2.1.2 Frühe Erforschung der Arzneimittelentwicklung

Das Modell der ligandengeleiteten Arzneimittelentwicklung, das mit der chemischen Biologie als neuer Strategie kombiniert wird, hat sich in vielen Instituten für Arzneimittelentwicklung zur Validierung von Zielmolekülen und zur Identifizierung von Leitverbindungen durchgesetzt. Zum Beispiel hat die Bump-and-Hole-Strategie einen neuen Weg eröffnet, um die Aktivität spezifischer Kinasen mit niedermolekularen Verbindungen zu untersuchen, was auf die Erforschung anderer Proteine ausgedehnt wurde. Diese Idee wird nicht nur weitgehend in der Grundlagenforschung eingesetzt, sondern auch erfolgreich in der Medikamentenentwicklung angewendet. Mehrere neuartige Kandidaten werden mittlerweile in klinischen Studien zur Arzneimittelentwicklung eingesetzt. Die funktionelle Genomforschung, die auf Bibliotheken niedermolekularer Verbindungen basiert, ist ein großer Erfolg. Derzeit befinden sich verschiedene, mithilfe solcher Methoden entwickelte Arzneimittelvorstufen zur Behandlung von Krebserkrankungen und Immun- oder Infektionskrankheiten in der klinischen Bewertung. Niedermolekulare Verbindungen bzw. kleine Moleküle („small molecules"), die Wachstum, Differenzierung oder Regeneration von Stammzellen fördern oder unterdrücken, wurden aus funktionellen Bibliotheken herausgesucht und identifiziert, was auf vielversprechende Anwendungen kleiner Molekülverbindungen in der regenerativen Medizin hindeutet. China verfügt über reichhaltige natürliche Ressourcen von Land und Meer sowie über reiche Ressourcen an chinesischen Heilkräutern und hat eine große Anzahl von Wissenschaftlern, die in der natürlichen organischen Chemie, synthetischen Chemie und analytischen Chemie tätig sind. In den vergangenen Jahren haben sich diese Wissenschaftler mit Biologen zusammengetan, um verschiedene molekulare Signaltransduktionswege mithilfe strukturell vielfältiger Naturstoffe und synthetischer Verbindungen sowie sich entwickelnden Analysemethoden zu analysieren. Es wurden bedeutende Fortschritte erzielt und einige Erkenntnisse werden voraussichtlich eine klinische Umsetzung erreichen.

2.2 Ausführliche Einführung in biomolekulare „unnatürliche Analoga"

Die Natur hat zwei Arten von Maschinen für die Biosynthese von Biomolekülen und Komplexen mit vielseitigen Funktionen entwickelt: Maschinen, die auf Vorlagen basieren, und solche, die nicht auf Vorlagen basieren. Die vorlagenbasierte Maschine besteht aus Ribosomen, DNA-/RNA-Synthasen und Polyketid-Synthasen, und die nicht vorlagenbasierte Maschine umfasst metabolische Enzyme. Darüber hinaus werden Modifikation, Transformation und Evolution von Biomolekülen und deren Funktionen typischerweise durch die genetischen Methoden Mutation, Geneditierung, Rekombination und Amplifikation erreicht. Es hat sich gezeigt, dass Chemiker die Fähigkeit besitzen, solche biosynthetischen Maschinen zu nutzen, um Moleküle mit neuen Funktionen zu erschaffen. Diese Bemühungen konzentrierten sich auf die künstliche Transformation der Bausteine von Biomolekülen und führten zu verbesserten oder sogar neuartigen Funktionen. Dieser Ansatz hat sich bei der Synthese von Polyketiden, ribosomalen und nichtribosomalen Polypeptidantibiotika, Glykopeptiden, Sekundärmetaboliten und bei Bioenergie durchgesetzt. Chemische Biologen widmen sich verstärkt der Veränderung der Strukturen und Funktionen von Biomakromolekülen mithilfe dieser Technik und dehnen sie auf alle Arten von Biomakromolekülen aus. Insbesondere das Konzept der „unnatürlichen Analoga", wie die unnatürlichen Formen von Aminosäuren, Zuckern, Nukleinbasen und Lipiden, ist ein wichtiges Forschungsthema in der chemischen Biologie. Sie konnten aufgrund der engen Verzahnung von exogener Chemie und biosynthetischen Maschinen erzeugt werden. Die Einführung der „unnatürlichen Analoga“ hat nicht nur das Instrumentarium zum Verständnis und zur Manipulation physiologischer Prozesse bereichert, sondern auch die Konzepte und Denkweisen der chemischen Biologie von anderen traditionellen Disziplinen abgegrenzt.

2.3 Ausdehnung exogener chemischer Reaktionen auf lebende Systeme

Um Biomakromoleküle und komplexe lebende Systeme intakt zu halten und in der Hoffnung, diese direkt *in situ* manipulieren zu können, haben chemische Biologen in den vergangenen Jahren spezielle Tools zur Markierung, Manipulation und Untersuchung der komplizierten biologischen Maschinen entwickelt. Vor diesem Hintergrund entstand das Konzept der bioorthogonalen Reaktionen.

Als bioorthogonale Reaktion wird jede chemische Reaktion innerhalb lebender Zellen oder Organismen bezeichnet, die endogene Biomoleküle nicht beeinträchtigt. Bioorthogonale Reaktionen stellen einen Breakthrough in der chemischen Biologie dar und sind nach wie vor eines der wichtigsten Forschungsthemen. Vor dem Jahr 2000 wurden niedermolekulare Verbindungen („small molecules“) zur Untersuchung lebender Systeme durch Chemiker eingesetzt, die aktiv in der lebenswissenschaftlichen Forschung tätig waren. Seit Beginn des 21. Jahrhunderts haben Fortschritte auf dem Gebiet der bioorthogonalen Reaktionen zur erheblichen Erweiterung der Fähigkeiten zur *In-vivo*-Markierung, -Manipulation und -Beobachtung von Biomakromolekülen geführt. Diese Technologie und die bioorthogonale Chemie haben sich zu allgemeinen Werkzeugen für das Studium und die Analyse von Zielmolekülen in lebenden Systemen entwickelt. Die Chemie wird in der lebenswissenschaftlichen Forschung in größerem Umfang eingesetzt, was auf ihre wesentliche Rolle bei der Erforschung komplizierter lebender Systeme hinweist. Darüber hinaus hat der Erfolg der bioorthogonalen Reaktionen erheblich zur Entwicklung von Reagenzien und Methoden zum Abfangen und Abfischen von Zielproteinen sowie zum Monitoring eines Moleküls oder einer einzelnen Zelle beigetragen. Gemeinsam bieten sie leistungsstarke Tools für die Forschung in der chemischen Biologie.

2.4 Effiziente chemische Synthese von Biomakromolekülen

In den vergangenen Jahren haben Wissenschaftler effiziente chemische Methoden zur Synthese von Biomakromolekülen, darunter Cyclopeptide und Polypeptide mit verschiedenen modifizierten Gruppen, Proteine, natürliche Glykokonjugate und Oligosaccharide, Nukleinsäuren sowie die entsprechenden Analoga, entwickelt. Das *In-vitro*-Screening und die *In-vivo*-Evolution funktioneller Nukleinsäuren (Aptamere und Nukleinsäureenzyme), Polypeptide und Proteine haben die Möglichkeiten zu deren manueller Beschaffung und funktioneller Optimierung erheblich erweitert. Mit der Weiterentwicklung der Fähigkeiten zur chemischen Synthese und der Vertiefung der Kenntnisse über lebende Systemen sind chemische Biologen zunehmend daran interessiert, bioaktive Makromoleküle chemisch zu synthetisieren, beispielsweise Proteine, die aus über 100 Aminosäuren bestehen, Proteine mit spezifischen chemischen Modifikationen, komplexe Glykokonjugate und Glykoproteine. Zum Beispiel hat die rasche Entwicklung der nativen chemischen Ligation (NCL) die Untersuchung von Proteinstrukturen und Enzymmechanismen gefördert. Die Strukturen von synthetischen Erythropoeseproteinen (SEP), Plectasinen, Ester-Insulinen und vaskulären endothelialen Wachstumsfaktoren (VEGF) und den ligandengebundenen Komplexen wurden durch chemische Synthese und racemische Kristallografie analysiert, was weitreichende Bedeutung für die Proteinforschung und medizinische Anwendungen hat. Auch in China haben viele Wissenschaftler wettbewerbsfähige Arbeiten auf diesem Gebiet durchgeführt.

2.5 Rasche Fortschritte in biologischen Nachweisverfahren

Fortgeschrittene Analysetechniken sind entscheidend für das Aufdecken biologischer Aktivitäten in lebenden Systemen und Hauptantriebskräfte der lebenswissenschaftlichen Forschung. Biologen können die rasche Entwicklung empfindlicherer, genauerer und räumlich-zeitlich spezifischerer Analysemethoden nutzen, um lebende Systeme auf subzellulärer Ebene und mit molekularer Präzision zu erforschen.

2.5.1 Bioimaging

Bioimaging (Biobildgebung) ist zweifellos eine der typischen Technologien von weitreichendem Einfluss. Es ermöglicht als leistungsfähiges Tool für das Verständnis und die Erklärung zahlreicher Phänomene des Lebens klare Aussagen über rätselhafte lebende Systeme, wobei die Entwicklung von Bildgebungssensoren von entscheidender Bedeutung ist. Bildgebungssensoren bestehen aus niedermolekularen Farbstoffen und fluoreszierenden proteinbasierten genetischen Sonden. Ihre Anwendung reicht von der Erforschung von Strukturen, räumlichen Verteilungen und dynamischen Veränderungen von Zielproteinen bis zum direkten Monitoring dieser Proteine innerhalb von zellulären Strukturen, subzellulären Organellen sowie lebenden Tieren. Chemiker haben erheblich zur Entwicklung und Nutzung von Bildgebungssensoren beigetragen. Die superaufgelöste Bildgebung ist eine der sich am schnellsten entwickelnden und aufsehenerregendsten optischen Bildgebungstechnologien. Sie hat die mikroskopische Auflösung von hundert Nanometer auf zehn Nanometer verbessert, was eine signifikante Steigerung der Präzision der biologischen Bildgebung bedeutet. Die chemische Biologie hat erheblich zur Entwicklung und Optimierung von fluoreszierenden Farbstoffen, Markierungstechniken und Datenverarbeitungsmethoden bei der superauflösenden Bildgebung sowie zur Förderung ihrer Anwendungen in den Lebenswissenschaften beigetragen.

2.5.2 Chemische Proteomik

Mithilfe von Massenspektrometrie und Proteomiktechnologien richten chemische Biologen ihre Aufmerksamkeit auf aktivitätsorientierte Proteomikforschung und entwickeln Methoden, um aus dem Gesamtproteom Proteinbestandteile mit der gewünschten Aktivität spezifisch zu erfassen, anzureichern und zu identifizieren. Das aktivitätsbasierte Protein-Profiling (ABPP) kann zusammen mit niedermolekularen Verbindungen genutzt werden, um die Aktivitäten einer speziellen Enzymfamilie in lebenden Zellen zu detektieren, viele wichtige Zielproteine funktionell im Detail zu analysieren und quantitative Profile chemischer Modifikationen an Proteinen von Interesse zu erstellen. Die chemische Proteomik hat sich derzeit zu einem bedeutenden und vielversprechenden Teil der chemischen Biologie entwickelt.

2.5.3 Chemische Modifizierung von Nukleinsäuren und Next-Generation-Sequencing-Technologien

Die Erforschung der wichtigen biologischen Funktionen chemischer Modifikationen von Biomakromolekülen, einschließlich Methylierung, Acetylierung und Ubiquitinierung, und deren Zusammenhang mit Erkrankungen des Menschen ist eine der aktivsten Gebiete in der Konvergenz von Chemie und Biologie und in den Lebenswissenschaften. Die Entwicklung von Forschungsinstrumenten und -strategien auf der Basis von Chemie hat die Fortschritte auf diesem Gebiet erheblich vorangetrieben. Beispielsweise ermöglichte die Kombination von hochspezifischen enzymatischen und chemischen Reaktionen die selektive und spezifische Markierung neuartiger chemischer Modifikationen von DNA, wie beispielsweise 5-Hydroxymethylcytosin. Auf diese Weise können solche Modifikationen erfolgreich aufgrund ihrer spezifischen Ausgangssignale in der Hochdurchsatzsequenzierung erfasst werden. Darüber hinaus sind die Fortschritte bei der chemischen Markierung und den Reaktionen für die Entwicklung neuer Gensequenzierungstechnologien wie der Einzelzell-Gesamtgenomsequenzierung

(„single-cell whole-genome sequencing", scWGS) und der Deep-sequencing-Technologie mit Einzelbasenauflösung unerlässlich.

2.5.4 *Einzelmoleküldetektion und Einzelzellanalyse*

In den vergangenen Jahren hat die Einzelmoleküldetektion große Fortschritte gemacht und wurde ein leistungsfähiges Instrument für die Untersuchung von Biomakromolekülen in lebenden Systemen auf der Einzelmolekülebene. Währenddessen entwickelt sich die Einzelzellanalyse schnell, die die quantitative und Echtzeitanalyse von chemischen Komponenten in einer einzelnen Zelle ermöglicht. Chemische Biologen sind bestrebt, die dynamischen Veränderungen und chemischen Modifikationen eines einzelnen Biomakromoleküls sowie die damit verbundenen Wechselwirkungen und biochemischen Reaktionen *in situ* in Echtzeit zu messen und sogar zu manipulieren.

2.6 Forschung zu biologisch ausgerichteten wissenschaftlichen Fragestellungen

Die Entwicklung von chemischen Sonden, orthogonalen Reaktionen, Analysentechnologien sowie deren kontinuierliche Ausweitung auf die Lebenswissenschaften sind Hauptantriebskräfte für die Entstehung der chemischen Biologie. Ein weiterer entscheidender Antrieb stammt aus der Lebenswissenschaft selbst. Seit Beginn des 21. Jahrhunderts boomt die Lifeomics-Forschung, repräsentiert durch das Humangenomprojekt, sammelt große Datenmengen für die biologische Forschung und wirft viele neue biologische Fragestellungen auf. Allerdings reichen dafür die traditionellen Technologien und Methoden der Biologie und das klassische genetische zentrale Dogma nicht mehr aus. Zur Bewältigung dieser Herausforderung ist die Entwicklung von effizienten und universellen Forschungsinstrumenten besonders wichtig. Die auf der Chemie basierenden Forschungstechnologien und -interventionen haben sich im Lauf des Prozesses hervorgehoben und sind zu entscheidenden Methoden und wertvollen Tools der biologischen Forschung geworden. Sie spielten eine maßgebliche Rolle in der biologischen Forschung und bei der Entdeckung von biologischen Funktionen, wie beispielsweise der Signaltransduktion in Zellen. Die Anforderungen an die Beantwortung spezifischer wissenschaftlicher Fragestellungen in den Lebenswissenschaften wurden eng in die nationale als auch internationale Forschung integriert. Immer mehr Chemiker verlagern ihre Forschungspläne von der reinen Chemie hin zu interdisziplinären Gebieten und widmen sich verstärkt der Entwicklung von Methoden, die in den spezifischen Umgebungen von Organismen anwendbar sind. Immer mehr chemische Labors errichten Systeme und Einrichtungen für die biologische Forschung, sodass Labore für chemische Biologie entstehen und sich entwickeln. Zusammenfassend lässt sich sagen, dass sich in der chemischen Biologie eine neue Forschungskultur herausbildet, die auf Schlüsselfragestellungen der Lebenswissenschaften abzielt und den Schwerpunkt auf multidisziplinäre Zusammenarbeit und Konvergenz legt. Dieses Forschungsmodell der engen Zusammenarbeit und des starken Zusammenschlusses von Chemie und Biologie hat sich auf viele Bereiche der Lebenswissenschaften ausgedehnt.

Der Überblick über den nationalen und internationalen Fortschritt in der chemischen Biologie lässt einen soliden Trend hin zur weiteren Zusammenführung sich entwickelnder chemischer Tools und zur Beantwortung spezieller biologischer Fragen erkennen, was sowohl als innovative Quelle als auch nachhaltigen Treiber dieser Disziplin dient. Für die Zukunft werden folgende Entwicklungen und Perspektiven erwartet.

Die Entwicklung von niedermolekularen Verbindungen und chemischen Tools wird sukzessive von *In-vitro*-Studien zu *In-vivo*-Untersuchungen, von Biomakromolekülen und Zellen zu komplexeren Systemen wie lebenden Geweben und Tieren übergehen. Es wird mehr Wert auf die Entwicklung von Methoden für die besonderen Umgebungen von lebenden Systemen gelegt werden. Die allgemeine Anwendung der entwickelten Tools und ihre Unersetzlichkeit in der biologischen Forschung werden sich weiter verstärken.

Studien, die biologische Detektionstechnologien verwenden, werden sich stetig von der statischen zur dynamischen Erfassung, von der qualitativen zur quantitativen Messung, von der *In-vitro-* zur *In-situ*-Untersuchung wandeln, um molekulare Mechanismen präziser und mit höherer Sensitivität aufzudecken. Insbesondere die Grenzbereiche der Biologie entwickeln sich schnell und sind hochaktuell. Um den sich rasch ändernden Anforderungen an die Untersuchung biologischer Fragestellungen gerecht zu werden, müssen hochrelevante Nachweisverfahren effizient konzipiert und entwickelt werden.

Die Konvergenz von Chemie und Biologie wird sich vertiefen, und die Erforschung biologischer Fragestellungen wird weiter voranschreiten. Das Konzept, wie Biologen Fragen aufwerfen, Werkzeuge entwickeln und sie mithilfe von Chemikern untersuchen, wird sich allmählich verändern. Stattdessen wird es die chemische Biologie sein, die den Prozess der Formulierung und Beantwortung wissenschaftlicher Fragestellungen in den Lebenswissenschaften vorantreibt. Durch die Zusammenarbeit zwischen Chemie und Biologie werden neue biologische Fragestellungen aufgeworfen, und entsprechend werden chemische Tools und Nachweismethoden entwickelt, um biologische Mechanismen und Mechanismen der menschlichen Gesundheit weiter aufzudecken. Während des Problemlösungsprozesses in der Biologie wird sich auch die Chemie dramatisch weiterentwickeln.

Die Integration von Theorie und Praxis, die Förderung translationaler Anwendungen und die Entwicklung der gesamten Kette mit vor- und nachgelagerten Verbindungen werden stärker in den Vordergrund rücken, um einen wesentlichen Beitrag zur sozialen Entwicklung und zur menschlichen Gesundheit zu leisten. Ein Beispiel ist die frühe Phase der Entdeckung und Erforschung neuartiger Wirkstoffe. Die chemische Biologie hat die Innovationskraft maßgeblich beeinflusst und das etablierte Vorgehen bei der Arzneimittelentwicklung verändert. Die kombinierte Strategie aus Hit-Screening und Validierung von Wirkstoffzielstrukturen zu Beginn des Arzneimittelentwicklungsprozesses reift allmählich heran. Das Forschungsmodell „von funktionalen Genen zu Medikamenten" wird in der gesamten Kette der Arzneimittelentwicklung von der Entdeckung von Zielstrukturen über die funktionelle Validierung, die Identifizierung von Treffern bis hin zur Optimierung von Leitverbindungen breite Anwendung finden.

Kapitel 3
Wichtige Forschungsergebnisse

Wei Yang und Lihe Zhang

Dieses Kapitel fasst die repräsentativen Ergebnisse dieses Major Research Plan zusammen.

3.1 Spezifische Technologien, die auf die Regulation von Proteinen der zellulären Signaltransduktion abzielen

Als eine der größten Gruppe unter den Biomakromolekülen von Lebewesen sind Proteine die Hauptakteure von biologischen Funktionen und spielen bei verschiedensten Lebensaktivitäten eine herausragende Rolle. Die Werkzeuge zur Manipulation von Proteinen in lebenden Systemen ermöglichen *In-situ*-Studien über Strukturen und Funktionen von Zielproteinen und sind damit einer der Forschungsschwerpunkte in der chemischen Biologie. Insbesondere weisen die Techniken, mit denen Proteine mit hoher räumlich-zeitlicher Spezifität aktiviert werden können, große Vorteile gegenüber traditionellen chemischen Sonden und Techniken zur Aktivitätshemmung auf. Sie stellen Schlüsseltechniken zum Studium zellulärer Lebensprozesse dar, die Proteine involvieren, insbesondere Signaltransduktionsprozesse. Obwohl ultraviolettes Licht zur spezifischen Regulation der Proteinaktivität eingesetzt wurde, schränken seine Eigenschaften wie schlechte Durchdringung und hohe Zytotoxizität seine Anwendung in lebenden Systemen erheblich ein. Im Rahmen des Integrationsprojekts zur

W. Yang
National Natural Science Foundation of China, Beijing, China

W. Yang
Zhejiang University, Hangzhou, Zhejiang, China

L. Zhang (✉)
Health Science Centre, Peking University, Beijing, China
E-Mail: honghuijie@zju.edu.cn

L. Zhang, *Untersuchungen zu Signaltransduktionsprozessen mit Hilfe kleiner chemischer Sonden*, https://doi.org/10.1007/978-3-662-67627-1_3

Entwicklung proteinbasierter Sonden und deren Anwendungen in Studien zur Signaltransduktion wurden chemisches Decaging, Zwei-Photonen- und Infrarotregulation sowie Strategien zur gezielten Induktion niedermolekularer Verbindungen entwickelt, was die spezifische Aktivierung von Proteinen in der Zelle ermöglichte. Diese neuartigen Technologien und Methoden wurden zur Untersuchung der molekularen Mechanismen zellulärer Signaltransduktionsprozesse eingesetzt.

3.1.1 Chemisches Decaging – eine neuartige auf Proteinkinasen abzielende Technologie

Die durch Proteinkinasen vermittelte Phosphorylierung ist einer der Kernprozesse der zellulären Signaltransduktion. Sie nimmt großen Einfluss auf die meisten physiologischen Prozesse. Signalwege, an denen Kinasen beteiligt sind, stehen mit zahlreichen Erkrankungen in Zusammenhang, darunter Krebserkrankungen, Stoffwechsel- und Immunstörungen. Die molekularen Mechanismen vieler Kinasen unter normalen physiologischen und pathologischen Bedingungen sind jedoch nach wie vor unklar. Der Einsatz von Small-molecule-Aktivatoren kann dazu beitragen, neue Informationen aus den Studien über Kinasen in der Signaltransduktion zu erhalten. Um die Strategie der Small-molecule-Aktivierung allgemein auf die Erforschung von Kinasen anwenden zu können, kombinierte die Forschungsgruppe von CHEN Peng der Peking University den ortsspezifischen Einbau unnatürlicher Aminosäuren mit bioorthogonalem.

Decaging (Entpacken) mithilfe von Chemikalien und berichtete über eine neue Strategie für das rationale Design von Small-molecule-Enzymaktivatoren [1]. Ein entscheidender Lysinrest (an einer konservierten Stelle) einer Kinase wurde durch Erweiterung des genetischen Codes („genetic code expansion“) maskiert, um seine Aktivität zu verbergen; mithilfe der Decaging-Reaktion wurde seine Aktivität aus dem gehemmten Zustand wiederhergestellt (Abb. 3.1). Zur Umsetzung dieser Strategie wurde eine palladiumvermittelte Depropargylierungsreaktion entwickelt und erfolgreich auf Proteine in lebenden Zellen angewandt. Anschließend wurde mithilfe einer bioorthogonalen Eliminierungsreaktion der Einfluss eines bakteriellen Effektorproteins auf die ERK-Kinase der Wirtszellen untersucht. Das Effektorprotein OspF wurde in lebenden Zellen aktiviert, was zur irreversiblen Dephosphorylierung der phosphorylierten ERK im Zellkern und zum Export von ERK aus dem Zellkern in das Zytoplasma führte. In Zusammenarbeit mit der Arbeitsgruppe von CHEN Xing, ebenfalls von der Peking University, wurde diese Reaktion auf die chemische Regulation von Zelloberflächenglykanen zur Manipulation der Zelloberflächenladung übertragen [2].

Die Gruppe um CHEN Peng entwickelte eine spezielle Diels-Alder-Reaktion mit inversem Elektronenbedarf („inverse electron-demand Diels–Alder reaction“, invDA) zum chemischen Decaging. Bei dieser Reaktion wird die Kohlenstoff-Sauerstoff-Bindung an der Allylposition nach einer Cycloaddition aufgebrochen, und trans-Cyclooocten wird als Käfiggruppe eliminiert. Dies wurde mithilfe der Firefly-Luciferase in lebenden Zellen verifiziert [3]. Die invDA-Reaktion verlief effizient, schnell und bioorthogonal. Über 80 % der eingeschlossenen Proteinkinasen wurden innerhalb von 15 min aktiviert. Dieser Breakthrough ist von großer Bedeutung, da er das „rationale Design der Proteinaktivierung" vom Nachweis der Machbarkeit bis zur Anwendung aufzeigt. Die Technologie wurde erfolgreich zur spezifischen Aktivierung wichtiger Kinasen wie MEK-1, FAK und Protoonkogen-Src-Kinase eingesetzt und könnte zu einem effizienten Tool zur Untersuchung der molekularen Mechanismen von Erkrankungen werden, die mit Kinasen in Zusammenhang stehen [4]. Im „Perspective"-Beitrag in *Nature Chemical Biology*, zu dem Li und Chen eingeladen wurden, fassen die Autoren die Technik des chemischen Decaging basierend auf bioorthogonalen Spaltungsreaktionen als ein prosperierendes Gebiet der chemischen Forschung zusammen und unterbreiten künftige Entwicklungsmöglichkeiten [5].

3.1.2 Lichtgesteuerte Proteinsonden zur Aktivierung von Immunzellen

Mithilfe von Licht gesteuerte Proteine haben sich in den vergangenen Jahren zu einem leistungsstarken Tool zur Untersuchung der räumlich-zeitlichen Regulation von zellulären Signaltransduktionsprozessen entwickelt. Im Vergleich zu UV-aktivierbaren Sonden können Zwei-Photonen-aktivierbare Sonden die Zytotoxizität erheblich reduzieren und haben daher ein breites Anwendungsspektrum. Die Forschungsgruppe von LIU Lei von der Tsinghua University nutzte die proteinchemische Synthese als zentrale Methode und entwickelte lichtgesteuerte Proteinsonden, die gezielt auf Immunzellen ansprechen. Mithilfe dieser Sonden untersuchten sie die gerichtete Migration von Immunzellen nach präziser räumlich-zeitlicher Stimulation sowie den Aktivierungsmechanismus. Durch die Entwicklung von Zwei-Photonen-gesteuerten Chemokinsonden erforschten sie und ihre Kooperationspartner den Mechanismus der gerichteten Migration von Immunzellen in lebenden Geweben. Sie entwarfen und synthetisierten die erste Zwei-Photonen-aktivierbare Chemokinsonde hCCL5**. Dank der hohen

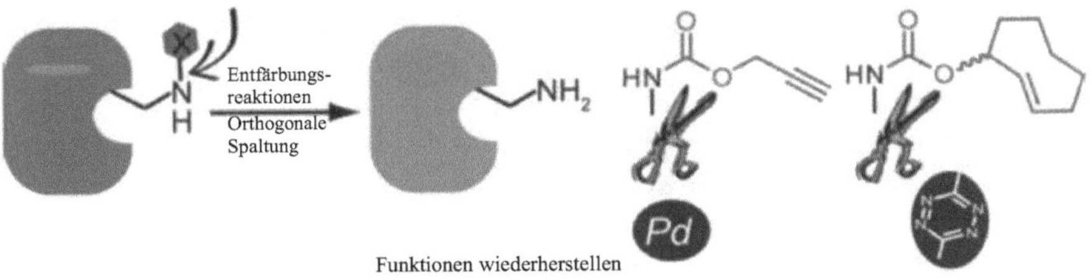

Abb. 3.1 Chemisches Decaging zur Aktivierung von Proteinen *in vivo*

räumlich-zeitlichen Auflösung kamen sie zu der Schlussfolgerung, dass **„PI3K nicht für die Wahrnehmung der Richtung von T-Zellen verantwortlich, aber dennoch für die anhaltende Migration erforderlich ist“** [6]. Darüber hinaus gelang mithilfe der guten Gewebedurchdringung der Zwei-Photonen-Technik die gerichtete Migration von Immunzellen in lebenden Geweben (Ohren und Lymphknoten von Mäusen). Diese Sonde ist ein ideales molekulares Werkzeug zum Verständnis und zur potenziellen Manipulation der Positionierung von Zellen und der damit verbundenen Zellbiologie. Basierend auf den entwickelten lichtgesteuerten Proteinantigenen wurde die frühe Dynamik der Signaltransduktion bei der Aktivierung von B-Zellen aufgedeckt. HEL-K96NPE, das erste lichtgesteuerte Proteinantigen für B-Zellen, wurde mithilfe lichtgesteuertem Aminosäure-Screening und proteinchemischer Synthese entwickelt. Dabei stellte sich heraus, dass das Maskieren einer einzelnen Position (Lys96) des Hühnerei-Lysozym (HEL) genügte, um die Interaktion mit dem entsprechenden Antikörper HyHEL-10 (oder B-Zellen aus MD4-transgenen Mäusen, die HyHEL-10 exprimieren) bis zu 20 pM mit einer großen Interaktionsoberfläche (1800 $Å^2$) zu blockieren. In Kombination mit der hochauflösenden Hochgeschwindigkeitsbildgebung lebender Zellen wurde HELK96NPE verwendet, um die frühe Bildung von B-Zell-Synapsen und die periodischen Reaktionen des Kalziumeinstroms in Echtzeit zu beobachten. Dieser Sensor ist ein vielversprechendes Werkzeug für tiefgehende Untersuchungen der frühen Dynamik von Signaltransduktionsprozessen bei der Aktivierung von B-Zellen.

3.1.3 Nahinfrarotlichtgesteuerte Aktivierung von Zelloberflächenrezeptoren

Eine Zelle verwendet ihre Oberflächenrezeptoren, um Liganden in der Umgebung zu identifizieren und entsprechend auf sie zu reagieren, wie z. B. durch gerichtete Migration, Aktivierung, Proliferation und Differenzierung. Die lichtgesteuerte Proteinaktivierung wurde häufig in Studien verwendet, die Mechanismen der Signaltransduktion untersuchten, die durch Interaktionen zwischen Zelloberflächenrezeptoren und ihren Liganden vermittelt werden. Viele dieser lichtempfindlichen Proteine werden durch ultraviolettes oder sichtbares Licht aktiviert, was sich als limitierend auf ihre Gewebedurchdringung in lebenden Systemen herausstellte. Nahinfrarotlicht ist aufgrund seiner Vorteile, wie die tiefe Gewebedurchdringung und die geringe Phototoxizität für Zellen, ideal zur Regulation der Signaltransduktion. Die von CHEN Xing an der Peking University geleitete Forschungsgruppe berichtete über eine Technik zur Regulation der Transforming-Growth-Factor-β(TGFβ)-Signalwegs durch Aktivierung von Proteinen im Nahinfrarotbereich mithilfe von einwandigen Kohlenstoffnanoröhren („single-walled carbon nanotube“, SWCNT). Die zeit- und ortsspezifische Aktivierung des TGFβ-Signalwegs ist entscheidend für die Regulation der embryonalen Entwicklung. In lebenden Systemen ist TGFβ durch die Assoziation mit Latenzassoziiertem

Peptid („latency-associated peptide", LAP)im Small-latent-Komplex („small latent complex", SLC)inhibiert. Die Freisetzung von TGFβ ermöglichte seine Aktivierung und somit seine räumlich-zeitliche Regulation. Die Aktivierung des TGFβ-Signalwegs wurde durch Konjugation des SLC mit SWCNT und anschließender Erzeugung von lokaler Wärme aufgrund der charakteristischen Absorption von nahinfrarotem Licht durch die Kohlenstoffnanoröhren erreicht [7]. Diese Strategie wurde erstmals auf Zellebene bestätigt. Die Bestrahlung mit Nahinfrarotlicht führte zur erfolgreichen Modulation der durch TGFβ-vermittelten Zelldifferenzierung, Migration usw. Diese Methode wurde auch zur nahinfrarotlichtinduzierten Aktivierung des TGFβ-Signalwegs bei Mäusen verwendet.

3.1.4 Sonden für die Generierung und den Abbau von Zielproteinen

Die chemische Kontrolle des Proteingehalts lebender Zellen stellt eine weitere leistungsstarke Methode zur Regulierung von Proteinfunktionen und -aktivitäten dar. Die Forschungsgruppe von YANG Yi von der East China University of Science and Technology verwendete natürliche photosensitive Sonden, um ein bequemes LightOn-photoschaltbares Genexpressionssystem („LightOn photo-switchable gene expression system") zu entwickeln, das die präzise räumlich-zeitliche Kontrolle der Proteinexpression in lebenden Zellen oder Tieren ermöglicht. Mit diesem System wurde die Generierung von Insulin und der Blutzuckerspiegel bei diabetischen Mäusen kontrolliert [8]. Das LightOn-System erlaubt die effiziente Kontrolle des Proteingehalts in komplexen biologischen Systemen und bietet eine neue Methode für zeit- oder dosisjustierbare Gentherapien. Alle seine Komponenten sind flexibel und anpassbar, wodurch es für verschiedene Untersuchungen anwendbar wird. Diese Errungenschaft wurde sowohl für chinesische als auch internationale PCT-Patente angemeldet. Darüber hinaus wurden chemische und lichtregulierte Techniken miteinander kombiniert, um die Kontrolle der intrazellulären Genexpression durch niedermolekulare Verbindungen und Licht zu ermöglichen, was den Background unter nicht-induzierten Bedingungen reduzierte und die Sensitivität des Systems verbesserte [9]. Das Expressionssystem,das effizient in einer Vielzahl von prokaryotischen Zellen induziert werden konnte,wurde entsprechend den zellphysiologischen Eigenschaften von Modellorganismen wie Zebrafisch, Drosophila, Fadenwurm und Hefe optimiert. Mithilfe effizienter lichtgesteuerter Repressorproteine und Reverse-Transkription-Terminatoren wurde die Schalteffizienz über 10.000-fach erhöht, was das bisher stringendeste bekannte Genexpressionssystem darstellt. Der praktische Nutzen wurde mithilfe einer lichtsensitive Steuerung des Abbaus von Zielproteinen in Zellen,was die Schalteffizienz über 20-fach erhöhte, gesteigert. Die Forschungsgruppe von LI Yanmei von der Tsinghua University nutzte die Strategie des kontrollierten Proteinabbaus, um den intrazellulären Spiegel eines

Zielproteins zu reduzieren und so dessen Aktivität zu verringern. An Alzheimer erkrankte Patienten zeigen abnorme Spiegel an Tau, einem nichtenzymatischen Protein. Daher verwendeten die Autoren eine Strategie zur „Erkennung und Spaltung“ zur Regulation des intrazellulären Gehalts an Tau. Der Proteinabschnitt *VQIVYK,* der entscheidend für die Aggregation von Tau ist, wurde als spezifisches Erkennungsmotiv ausgewählt und *Cyclen,* das Cu^{2+} chelatiert, fungierte als Spaltungsmotiv und aktives Zentrum des Metalloenzyms zur Hydrolyse von Tau. Dieses aktive Molekül hemmte die Tau-Aggregation *in vitro.* Die Gruppe fügte zusätzlich ein zellpenetrierendes Peptid an das Ende des Moleküls an, sodass es in die Zellen eindringen und das intrazelluläre Tau-Protein abbauen konnte [10]. Die Autoren suchten auch nach effizienten bifunktionalen Molekülen, die die Proteine von Interesse anvisieren,und nutzten Systeme zur small-molecule-induzierten Ubiquitinierung von spezifischen Proteinen für deren Abbau. Bei der Erforschung zellulärer Signaltransduktionsprozesse ist es notwendig, die Konzentration eines bestimmten Proteins zu verringern, um die Auswirkungen seines Fehlens auf die Signaltransduktion zu untersuchen. Diese Technik ist ein wichtiges Werkzeug zum Abbau fehlgefalteter Proteine und zur Untersuchung der damit zusammenhängenden Regulation.

3.1.5 Leuchtstarke photoaktivierbare fluoreszierende Proteine

Superaufgelöste Bildgebungstechniken werden zur Beobachtung dynamischer Prozesse verwendet, wie z. B. Konformationsänderungen von Proteinen, Proteininteraktionen und die räumlich-zeitliche Regulation der Signaltransduktion, und sind damit wichtige Methoden für die hochauflösende Beobachtung und Analyse zellulärer Netzwerke von Signaltransduktionsprozessen. Das genkodierte grün fluoreszierende Protein und seine Varianten gehören zu den mächtigsten Tools zur Markierung und zum Imaging von Proteinen. Zur Verwirklichung der superaufgelösten Bildgebung besteht die derzeitige Herausforderung in der Entwicklung von Varianten fluoreszierender Proteine, die leuchtstärker sind und höhere Umwandlungsraten aufweisen. **Die Leistungsfähigkeit der superaufgelösten Bildgebung hängt stark von den Eigenschaften der photoaktivierbaren fluoreszierenden Proteine (PAFP)** ab, darunter die Schlüsseleigenschaften **Größe, Leuchtkraft, Reifungszeit, oligomere Beschaffenheit, pH-Stabilität und Photonenbudget nach dem Umschalten. Obwohl dies oft vernachlässigt wird, begrenzt die Markierungsdichte die effektive räumliche Auflösung jede superaufgelöste Fluoreszenzmikroskopie.** Die Forschungsgruppe von XU Tao vom Institute of Biophysics, Chinese Academy of Sciences (CAS), hat ein neuartiges monomeres photoaktivierbares fluoreszierendes Protein entwickelt, das in der superaufgelösten Mikroskopie verwendet werden kann, um die Bildgebung lebender Zellen weiter zu verbessern [11]. Sie klärten die **Kristallstruktur des tetrameren mEos2** auf, das die bisher beste Lokalisierungs-

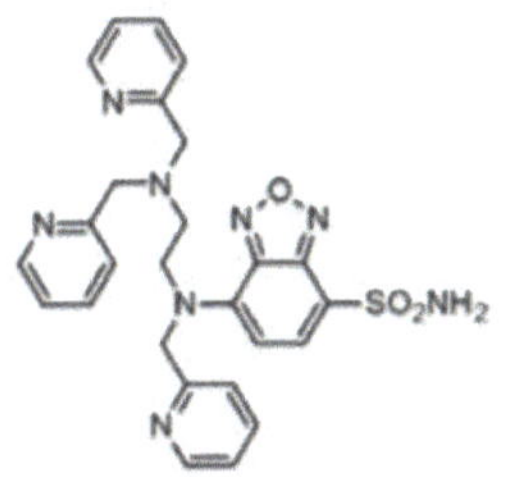

Neuartige ratiometrische Fluoreszenzsonde für Zinkionen

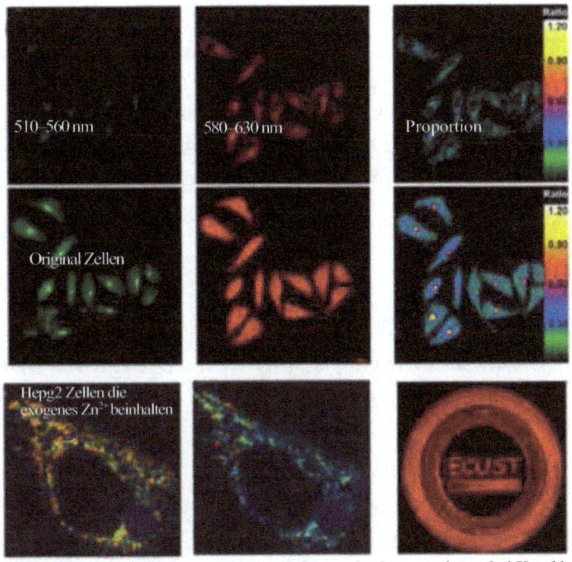

Ein lichtgesteuertes Genexpressionssystem für präzise Interventionen bei Krankheiten

Abb. 3.2 Molekulare Bildgebungssonde

genauigkeit eines PAFP aufwies, und entwarfen anhand der Analyseergebnisse die **verbesserten Versionen mEos3.1 und mEos3.2. Verglichen mit anderen EosFP-Varianten bot mEos3.2 die beste Gesamtleistung in Leuchtkraft, Reifungszeit, pH-Stabilität, Photonenbudget nach dem Umschalten sowie Markierungsdichte. Daher kann mEos3.2 als neuartige Sonde betrachtet werden, die andere EosFP sowohl in der beugungslimitierten als auch in der supergelösten Mikroskopie ersetzen kann** (Abb. 3.2). Die Entwicklung dieses leuchtstarken photoaktivierbaren fluoreszierenden Proteins ist von großer Bedeutung für die Untersuchung der präzisen räumlich-zeitlichen Regulation von Signaltransduktionsprozessen, für das Verständnis der Entstehungs- und Entwicklungsmechanismen damit verbundener menschlicher Erkrankungen sowie für die Entwicklung effizienter Wege zur Diagnose und Behandlung.

3.2 Untersuchungen zur Rolle von Nukleinsäuren bei Signaltransduktionsprozessen mithilfe kleiner chemischer Sonden

Nukleinsäuren speichern und übermitteln genetische Informationen. Sie sind wichtige materielle Grundlage für den Fortbestand des Lebens. Ihre Funktionen hängen nicht nur von der Basensequenz (d. h. der Primärstruktur) ab, sondern auch von ihren speziellen Sekundärstrukturen und verschiedenen chemischen

Modifikationen. Der Wechsel zwischen diesen verschiedenen Strukturen oder Modifikationen beeinflusst und bestimmt nachgelagerte Lebensprozesse, was als nukleinsäurebezogene Signaltransduktion bezeichnet wird. Die Flexibilität des Nukleinsäurerückgrats bietet einen großen Spielraum für chemische Modifikationen und das Design von Liganden, was es zu einem wichtigen Ziel für die funktionelle *In-vivo*-Regulation macht. Im Rahmen dieses MRP haben die Forschungsteams die folgenden wichtigen Ergebnisse erzielt.

3.2.1 Studien zur Regulation der Signaltransduktion basierend auf Liganden von Quadruplex-Nukleinsäuren

Die chirale metall-supramolekulare Verbindung *M*-[Ni2L3]4+(Ni-M) kann mit dimeren G-Quadruplexen interagieren. Es wurde berichtet, dass dieses M-Enantiomer (Ni-M) **200-mal besser an dimere G-Quadruplexe als an monomere G-**Quadruplex**e bindet**. Die Forschungsgruppe von QU Xiaogang vom CAS Changchun Institute of Applied Chemistry fand heraus, dass dimere G-Quadruplexe als neues Ziel für mit G-Quadruplex interagierende Liganden dienen könnten, was einen neuen Weg für das Design von Liganden, die auf telomerische G-Quadruplexe abzielen, eröffnet [12]. Angesichts der Konformationsübergänge von G-Quadruplexen unter verschiedenen pH-Bedingungen zeigte die Studie, dass menschliche telomere G-Quadruplexe unter sauren Bedingungen von einer gemischten Konformation zu einer antiparallelen Struktur wechseln. Solche Übergänge wurden durch die Konformationsänderungen der G-Quadruplex-Schleifen verursacht, wobei der G-Quadruplex mit zentraler TT-Schleife anfällig für solche Änderungen unter sauren Bedingungen war [13]. Die Forschungsgruppe untersuchte systematisch die biologische Aktivität von SWCNT, den Liganden, die selektiv i-Motif stabilisieren können. Sie wies erstmalig nach, dass SWCNT die Telomeraseaktivität durch induzierte Bildung von i-Motif und G-Quadruplex hemmen, was die Strukturen und Funktionen von Telomeren stört und zu Zellzyklusarrest, Apoptose oder Seneszenz führt. Dies könnte auf eine Dysfunktion der Telomerstruktur zurückzuführen sein, die eng mit der Hochregulierung der Proteine p16 und p21 zusammenhängt. Diese Arbeit **hat neue Einblicke in das Verständnis der biomedizinischen Auswirkungen von SWCNT in Krebszellen und der biologischen Bedeutung der i-Motif-Struktur *in vivo* geliefert** [14].

Die Forschungsgruppe von SONG Yangzhou von der Sun Yat-Sen University berichtete, dass TPP1 in der späten S/G2/M-Phase menschlicher Zellen mehr Telomerase zu den Telomeren rekrutiert, was durch die Phosphorylierung von S111 des TPP1-Proteins reguliert wird. **Die strukturelle Analyse zeigte, dass das phosphorylierte Ser111 (S111) in der TPP1-OB-Domäne liegt und mit Telomerase interagiert.** Mutation von Ser111 zu Ala oder anderen

Aminosäuren beeinträchtigt die Rekrutierung von TPP1 durch Telomerase, was zur Telomerverkürzung führt. Diese Ergebnisse bilden die Grundlage zur Erforschung von Signaltransduktion und Strukturbiologie des **phosphorylierungsabhängigen TPP1-Kontrollmechanismus der zellzyklusabhängigen Telomeraserekrutierung und Telomerverlängerung** [15]. Die von der Forschungsgruppe von ZHOU Xiang von der Wuhan University synthetisierten 4,4'-Dihydroxyazobenzolverbindungen steuern die Konformation menschlicher Telomer-DNA mithilfe von Licht [16]. Eine weitere Studie zeigte, dass dieses Azobenzol und seine Derivate **unter abwechselnder Bestrahlung mit 365 nm UV-Licht und sichtbarem Licht (VIS) zwischen der *trans*- und der *cis*-Form wechseln**. Veränderungen in Struktur oder Konformation von Enzymen sind häufig begleitet von Veränderungen in deren katalytischer Aktivität. Diese Konformationsänderungen können auf die **Bindung bzw. die Dissoziation verschiedener Regulatoren zurückzuführen** sein. Das Azobenzol-Derivat **wechselte zwischen der *trans*- und *cis*-Form unter wechselnder Bestrahlung mit 365 nm UV-Licht und sichtbarem Licht (>400 nm), was die Verdichtung oder Ausdehnung der DNA-Aptamere auslöste**, die Bindung von Aptamer und Enzym beeinträchtigte und so die Enzymaktivität steuerte. Die Forschungsgruppe wählte Thrombin als das zu steuernde Enzym, untersuchte seine katalytische Aktivität *in vitro* und nutzte diese Strategie erfolgreich zur **effektiven Kontrolle der Blutgerinnung in menschlichem Plasma**. Im Vergleich zu früheren Strategien ist dieser Ansatz einfach und günstig sowie **potenziell nutzbringend für zukünftige biomedizinische und pharmazeutische Anwendungen** [17].

G-Quadruplex (G4) stellt eine der wichtigsten sekundären Strukturen von Nukleinsäuren dar. In RNA-Viren wie dem Hepatitis-C-Virus wurden jedoch noch keine G4-RNA gefunden. Die bioinformatische Analyse der Forschungsgruppe von ZHOU Xiang ergab, dass **trotz der hohen genetischen Variabilität dieses RNA-Virus im Kerngen von** Hepatitis C **hochkonservierte guaninreiche Konsensussequenzen vorhanden** sind. Die Autoren zeigen mithilfe verschiedener Methoden, dass sich solche **Konsensussequenzen sowohl *in vitro* als auch unter physiologischen Bedingungen in unimolekulare G4-RNA-Strukturen falten.** Sie liefern auch **direkte Beweise dafür, dass kleine Moleküle, die spezifisch auf G4 abzielen, diese Struktur stabilisieren und so die RNA-Replikation verringern sowie die Proteintranslation von intrazellulärem Hepatitis C hemmen. Die Stabilisierung von G4-RNA im Genom von Hepatitis C stellt eine vielversprechende neue Strategie für die Entwicklung von Anti-Hepatitis-C-Medikamenten dar** [18].

3.2.2 *Auf modifizierten Nukleinsäuren und nichtkanonischen Nukleinsäurestrukturen basierende Steuerung*

Angesichts der Vielfalt an Nukleinsäurestrukturen ist es wichtig, Nukleinsäuren unterschiedlicher Struktur mithilfe kleiner Moleküle zu erkennen und zu steuern, um auf diese Weise Vorgänge des Lebens zu untersuchen. Veränderungen in Nukleinsäuren sind auch wesentliche Ursache vieler bedeutender Erkrankungen. Detektion und Steuerung von Nukleinsäuren mithilfe niedermolekulare Verbindungen liefern wichtige theoretische Grundlagen und technische Methoden für die Diagnose und Behandlung (Medikamente) dieser Erkrankungen. Die Forschungsgruppe von ZHOU Xiang synthetisierte den Rutheniumkomplex $[Ru(dip)2dppz]^{2+}$, der bei geringen Salzkonzentrationen den Übergang von Rechts- zu Linksgängigkeit von DNA unterschiedlicher Sequenz, wie vollständige CG-Sequenz, vollständige AT-Sequenz, nicht alternierende Pyrimidin-Purin-Sequenzen und genomische Sequenzen, induzierte. Dieser Komplex induzierte die Z-DNA-Konformation und durchbrach damit die Grenze der ursprünglichen Sequenzen. Die linksgängigen Strukturen von DNA unterschiedlicher Sequenz (stabiler und bioaktiver) konnten unter annähernd physiologischen Bedingungen beobachtet werden [19].

Die Forschungsgruppe von ZHOU Xiang fand heraus, dass verschiedene Cytosinmodifikationen (einschließlich Methylierung, Hydroxymethylierung, Formylierung und Carboxylierung) in CpG-Insel-Sequenzen unterschiedliche Auswirkungen auf den B-Z-Übergang der DNA hatten. Die Autoren berichten, dass 5-Methylcytosin (5mC), 5-Formylcytosin und 5-Carboxylcytosin den Übergang erleichtern, während 5-Hydroxymethylcytosin (5hmC) den Übergang hemmt, was für die Epigenetik von Bedeutung ist [20]. Die Entwicklung von Nachweistechniken für modifizierte Nukleinsäuren ist ein wichtiger Bereich der Epigenetik und die Identifizierung modifizierter Nukleinsäuren mithilfe niedermolekularer Verbindungen ist ein entscheidender Meilenstein. Die Forschungsgruppe von ZHOU Xiang synthetisierte N-Halogen-N-Natriumbenzensulfonamid-Reagenzien, um 5mC in DNA-Sequenzen auf hochselektive Weise zu erkennen und von 5hmC und 5-Formylcytosin zu unterscheiden. Dies wird voraussichtlich in die Methode der Next-Generation-Sequenzierung als leistungsfähiges Tool für die Forschung in Bereich von Epigenetik und Krebsdiagnostik integriert [21]. Die Autoren entwickelten auch eine Methode zur Erkennung von 5-Formylcytosin im Genom [22].

Modifikationen von Nukleinsäuren können direkten Einfluss auf damit zusammenhängende biologische Funktionen nehmen. Laut der Studie der Forschungsgruppe von ZHOU Songyang **transloziert** der Daxx/Atrx-Proteinkomplex in Zellen mit hypomethylierten Genomen b**evorzugt zu tandem-repetitiven Elementen**und rekrutiert Suv39h, um die H3K9-Trimethylierung zu fördern und das spezifische Silencing der repetitiven Elemente im Genom, einschließlich der Telomere, zu gewährleisten, wodurch Genmutationen, die durch

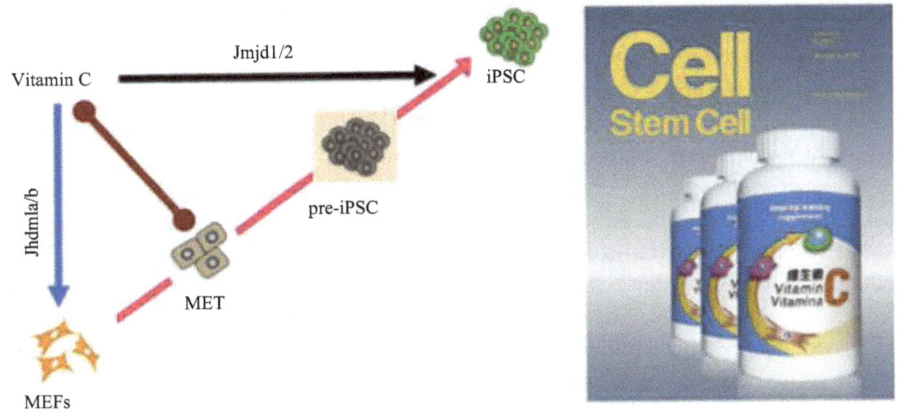

Abb. 3.3 Beteiligung von Vitamin C an mehreren epigenetischen Regulationsprozessen zur Begünstigung der Reprogrammierung

das zufällige Einfügen von Transposons entstehen, verhindert werden. Diese Ergebnisse offenbaren einen neuen Mechanismus der epigenetischen Regulation spezieller Histonmodifikationen [23]. Die Beteiligung von Vitamin C an mehreren epigenetischen Regulationsprozessen zur Begünstigung der Reprogrammierung ist in Abb. 3.3 dargestellt.

3.3 Aufdeckung neuartiger zellulärer Signaltransduktionsmechanismen mithilfe aktiver Naturstoffe

Einer der Schwerpunkt der chemischen Biologie ist die Nutzung aktiver niedermolekularer Verbindungen zur Untersuchung der Gen- bzw. Proteinregulation und -funktionen, um molekulare Mechanismen und Signaltransduktionsnetzwerke wichtiger zellulärer Lebensprozesse aufzudecken und neue aktive Verbindungen zur Steuerung der Zellaktivität zu finden. Dies hat auch die Möglichkeiten zur Untersuchung komplexer biologischer Abläufe und Prozesse verbessert. Die auf akute myeloische Leukämie (AML) ausgerichtete Forschungsgruppe von CHEN Guoqiang der Shanghai Jiao Tong University konzentriert sich auf das wissenschaftliche Kernthema „Erforschung und Erläuterung der molekularen Vorgänge von Signaltransduktionswegen mit niedermolekularen Wirkstoffen" und führte eine Reihe von Studien durch, die Strategien wie „Entdeckung antileukämischer Wirkstoffe", „Erforschung verwandter Wirkstoffziele" und „Aufdeckung molekularer Mechanismen der Bestimmung des Schicksals von Leukämiezellen" einsetzten.

3.3.1 Entdeckung antileukämischer aktiver Wirkstoffe

AML ist eine Gruppe von heterogenen hämatologischen Malignomen mit verschiedenen Subtypen. In den vergangenen 20 Jahren sind große Fortschritte in der Erforschung der AML-Pathogenese und -Behandlung zu verzeichnen. Einer davon liegt in der Behandlung der akuten Promyelozytenleukämie (APL) mit all-trans-Retinsäure (ATRA) und Arsentrioxid (As_2O_3). ATRA führt zwar bei den meisten APL-Patienten zur Remission und steigert ihr langfristiges Überleben, zeigt jedoch das Problem der Arzneimittelresistenz. APL-Patienten machen nur 10 % der AML-Patienten aus. Aus diesen Gründen ist es wichtig zu untersuchen, wie die ATRA-Resistenz überwunden und die differenzierungsinduzierende Therapie auf andere Subtypen von Leukämie oder solide Tumoren ausgeweitet werden kann.

Isodon-Pflanzen aus der Familie der Lamiaceae sind Kräuter, die in China weit verbreitet sind, hauptsächlich in West-Yunnan, West-Sichuan und Ost-Tibet. Diese Gattung ist reich an ent-Kauran-Diterpenoiden, von denen über 700 Typen isoliert und identifiziert wurden. Diese Verbindungen zeigen in der Regel biologische Aktivität, z. B. entzündungshemmende, antivirale und antibakterielle Eigenschaften. Die Forschungsgruppe von CHEN Guoqiang kooperierte mit SUN Handong vom CAS Kunming Institute of Botany bei der Untersuchung der antileukämischen Aktivität von natürlichen niedermolekularen Verbindungen, die aus *Isodon*-Pflanzen stammen. Sie fanden heraus, dass Pharicin B den Retinsäurerezeptor-α (RARα) in AML-Zelllinien und primären Zellen von AML-Patienten sowie das Promyelozytenleukämie(PML)-RARα-Protein stabilisiert, jedoch keine Auswirkungen auf die ATRA-induzierte Spaltung des PML-RARα-Proteins hatte. Durch diese Stabilisierung steigerte Pharicin B die ATRA-abhängige transkriptionelle Aktivität, einschließlich C/EBPβ und RIG-G. Auf dieser Grundlage entdeckten sie, dass Pharicin B die ATRA-induzierte Zelldifferenzierung in den AML-Zelllinien U937 und NB4 sowie in primären AML-Zellen, die von neu diagnostizierten Patienten isoliert wurden, signifikant erhöhte und die ATRA-Sensitivität einiger retinsäureresistenter APL-Zellen NB4-LR1 wiederherstellte [24].

Die Studie über Adenanthin, ein Diterpenoid, das aus *Isodon adenanthus*, isoliert wurde, ist besonders interessant. Sie zeigte, dass Adenanthin in hohen Konzentrationen zytotoxisch ist, in niedrigen Konzentrationen jedoch die APL-Zelllinie NB4 und primäre Leukämiezellen von AML-Patienten verschiedener Subtypen zur morphologischen und funktionellen Differenzierung anregt. Solch ein differenzierungsinduzierender Effekt trat nicht nur in den ATRA-sensitiven NB4-Zellen auf, sondern auch in ATRA-resistenten Zellen, einschließlich NB4-LR1, NB4-LR2 und MR2. Die Autoren führten dann eine *In-vivo*-Studie an ATRA-sensitiven und ATRA-resistenten AML-Mäusen durch, die jeweils von APL-spezifischen PML-RARα- und mutierten PML-RARα-transgenen Mäusen abstammten. Es wurde festgestellt,dass Adenanthin bei beiden Mauslinien **die Differenzierung von APL-ähnlichen Zellen *in vivo* wirksam induzierte,** die Gewebsinfiltration unterdrückte und somit das Überleben der APL-Mäuse deutlich verlängerte. Diese wichtigen Erkenntnisse deuten darauf hin, dass der differenzierungsinduzierende Effekt von Adenanthin sich von ATRA unterscheidet. Darüber hinaus fanden die Autoren heraus, dass Adenanthin das PML-RARα-Fusionsprotein weder zerstört noch seine Verteilung in der Zelle steuert.

3.3.2 Entdeckung von Adenanthin, das auf Peroxiredoxin I/II abzielt

Die Forschungsgruppe von CHEN Guoqiang nahm an, dass die α,β-ungesättigte Ketogruppe von Adenanthin seine aktive Gruppe darstellt. Sie bildet einen kovalenten Komplex mit seinen Zielproteinen durch die Michael-Additionsreaktion. Die Reduktion der Doppelbindung von Adenanthin zu einer Einfachbindung hob den differenzierungsinduzierenden Effekt vollständig auf. Modifikation der C3-Hydroxylgruppe hatte jedoch keinen Einfluss auf die differenzierungsinduzierende Aktivität. Durch chemische Konjugation eines **Biotin-Tag an die C3-Hydroxylgruppe erzeugten die Autoren Biotin-Adenanthin**. Diese Verbindung induzierte die Differenzierung von AML-Zellen immer noch auf effiziente Weise. Anschließend **wurden NB4-Zelllysate mit Biotin-Adenanthin inkubiert** und die potenziell Biotin-Adenanthin-bindenden Proteine durch Immunpräzipitation gescreent. Den Ergebnissen zufolge wurde eine Proteinbande durch Biotin-Adenanthin ausgefällt und durch Adenanthin verdrängt, **was darauf hinweist, dass das Protein, das Biotin-Adenanthin bindet, auch Adenanthin bindet**. Die **Massenspektrometrieanalyse ergab, dass es sich bei diesem Protein** um Peroxiredoxin **(Prx) I oder II handelt.**

Prx sind eine Familie von Peroxidasen mit Katalaseaktivität. Beim Menschen gibt es mindestens sechs Prx-Proteine, Prx I–VI. Prxs **enthalten eine konserviertes Cystein** (Cys), das peroxidatisches Cys („peroxidatic cysteine", CP) genannt wird und **als Oxidationsstelle für Peroxide dient.**

Peroxide oxidieren das Cys-SH von CP zu Cys-SOH, **das mit einem anderen Cys-Rest, dem sogenannten auflösenden Cystein** („resolving cysteine", CR) **reagiert** und ein Disulfid bildet, wobei die Peroxide entfernt werden. **Neue Daten weisen auf einen Zusammenhang** zwischen der Expression von Prx und **wichtigen menschlichen Erkrankungen wie Krebserkrankungen, Herz-Kreislauf-Erkrankungen, Diabetes und Neurodegeneration hin**. Weitere Studien zeigen, dass Adenanthin nicht an Prx IV, V oder VI bindet. Adenanthin zeigt eine Bindung geringer Affinität mit Prx III, einem mitochondrialen Protein, während Adenanthin in diesem Organell nicht vorkommt. Daher konzentrierten sich die Autoren auf die Erforschung des Effekts der Bindung von Adenanthin and Prx I und Prx II. Interessanterweise führt die Unterdrückung der Expression von Prx I oder Prx II mithilfe von siRNA direkt zur Differenzierung der Leukämiezellen. Die massenspektrometrische Analyse und die Mutationsuntersuchungen zeigen die spezifische kovalente Bindung von Adenanthin an die CR-Position von Prx I und

Prx II. Offenbar hemmt Adenanthin also die enzymatische Aktivität von Prx I und Prx II, insbesondere Prx I.

3.3.3 Signalwege von Adenanthin bei der Induktion der Differenzierung von AML-Zellen durch Prx I/II

Die Hemmung der enzymatischen Aktivität von Prx I/II durch Adenanthin erhöhte die intrazelluläre Konzentration an H_2O_2. Die Anwesenheit von N-Acetyl-L-Cystein (NAC), das H_2O_2 entfernt, hemmt die differenzierungsinduzierende Wirkung von Adenanthin fast vollständig, was auf eine wichtige Rolle von H_2O_2 in diesem Prozess hinweist. Der schädliche Effekt von H_2O_2 auf Zellen durch Oxidation von Lipiden, Proteinen, DNA und anderen Biomakromolekülen ist gut verstanden. Es zeigt sich jedoch immer deutlicher, dass es als sogenannter Second Messenger an der Regulation zellulärer Signalwege und verschiedener Lebensprozesse beteiligt ist. Die Kenntnisse über seine wichtige Rolle in den Prozessen der normalen und anormalen Hämatopoese nehmen zu. Weitere Studien zeigen, dass eine erhöhte Konzentration an H_2O_2 extrazelluläre signalregulierte Proteinkinasen (ERK1/2) aktiviert, die Expression des mit der Differenzierung von hämatopoetischen Zellen verbundenen Transkriptionsfaktors C/EBP hochreguliert, wodurch die Zelldifferenzierung induziert wird.

3.3.4 Entdeckung neuer Wirkstoffe, die die Differenzierung von AML-Zellen mit Prx I als Zielprotein auslösen

Basierend auf den oben genannten Ergebnissen nutzte die Forschungsgruppe von CHEN Guoqiang Prx I als Zielprotein und fand durch computergestütztes virtuelles Screening, *In-vitro*-Aktivitätstests und intrazelluläre Interaktionsanalyse heraus, dass das Small Molecule H7 Prx I auf nichtkovalente Weise hemmt. Die Behandlung mit H7 erhöhte die Konzentration an reaktiven Sauerstoffspezies (ROS) in der Zelle und induzierte die Differenzierung von NB4-Zellen. H7 induziert somit die Zelldifferenzierung über den ROS-ERK1/2-C/EBP-Weg und die Leukämiezelldifferenzierung bei Mäusen [25].

3.3.5 Erweiterung der Erforschung des Antitumoreffekts von auf Prx I/II wirkendem Adenanthin

Verschiedene Mitglieder der Peroxiredoxinfamilie werden in verschiedenen Tumortypen abnormal exprimiert, was sie zu potenziellen Zielmolekülen für

Drug-Screenings zur Krebschemotherapie macht. Die Forschungsgruppe von CHEN Guoqiang fand heraus, dass Adenanthin in bestimmten Konzentrationen (3–9 mol/L) die Apoptose von hepatozellulären Karzinomzellen (HCC-Zellen) in zeit- und dosisabhängiger Weise induziert, ohne die Aktivität von normalen Leberzellen zu beeinträchtigen. Das vollständige Abschalten von Prx I führt zur spontanen Apoptose von HCC-Zellen, ohne Beeinträchtigung normaler Leberzellen. Teilweise abgeschaltetes Prx I und Prx II erhöht die Empfindlichkeit von HCC-Zellen gegenüber der durch Adenanthin induzierten Apoptose, wirkt sich jedoch nicht auf die Resistenz normaler Zellen gegenüber der durch eine bestimmte Dosis Adenanthin induzierten Apoptose aus. Wird die Expression von Prx I/II in HCC-Zellen, in denen Prx I/II teilweise abgeschaltet war, durch siRNA-resistente Konstrukte wiederhergestellt, so stellt sich auch die Sensitivität gegenüber der adenanthininduzierten Apoptose wieder ein. In Tierexperimenten unterdrückten sowohl 10 als auch 20 mg/kg Adenanthin signifikant das Tumorwachstum bei Mäusen mit Tumorlast. Diese Ergebnisse deuten darauf hin, dass die ROS-Akkumulation, die durch die Suppression von Prx I/II verursacht wird, nicht nur die Differenzierung von Leukämiezellen, sondern auch die selektive Apoptose von HCC-Zellen auslöst, ohne die Aktivität normaler Leberzellen zu beeinträchtigen. Dies hat im Labor Nachweise für die Entwicklung von Antitumormedikamenten erbracht, die auf Prx I und Prx II abzielen [26].

In ihrer Studie (Abb. 3.4) berichten die Autoren über die erste aktive, auf Prx-Protein abzielende Leitverbindung und über die Rolle, die die Hemmung der Prx-I/II-Aktivität bei der Differenzierung von Leukämiezellen spielt. Die Arbeit wurde in *Nature Chemical Biology* als Expertenbeitrag veröffentlicht [27]. Sie wurde von Prof. Waldman et al. von der Max-Planck-Gesellschaft zur Förderung der Wissenschaften in Deutschland als einer der zehn erfolgreichsten Fälle der Identifizierung von Zielmolekülen zusammengefasst sowie als einer der Top 10 Scientific Advances in China im Jahr 2012 ausgewählt.

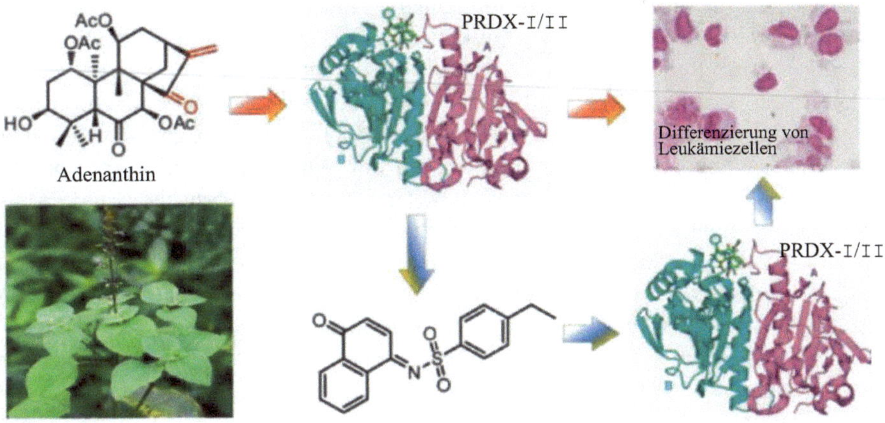

Abb. 3.4 Entdeckung von Adenanthinzielmolekülen und Untersuchung der molekularen Mechanismen

3.3.6 Mechanismus der Regulation von Wnt-Signalweg und Apoptose durch den Naturstoff Diterpenoid S-3

Die Forschungsgruppe von LI Lin vom CAS Institute of Biochemistry and Cell Biology nutzte den zuvor entdeckten Naturstoff NC043/S3 als Sonde zur Identifikation seines Zielproteins, das spezifisch den Wnt-Signalweg moduliert, und definierten den Struktur-Aktivitäts-Zusammenhang der Hemmung des Signalwegs. Sie optimierte dieses Small Molecule, um einen einfachen und effektiven Inhibitor des Wnt-Signalwegs zu erhalten [28]. Zusätzlich fand die Gruppe heraus, dass NPHXL, das Zielprotein von NC043/S3, die transkriptionelle Aktivität des klassischen Wnt-Signalwegs begünstigt und auf das nachgeschaltete β-Catenin einwirkt, wodurch die Bindung zwischen β-Catenin und TCF verstärkt wird. Die Forschungsgruppe von CHEN Quan vom CAS Institute of Zoology identifizierte die Verbindung S-3 durch Screening mit Bax/Bak-Doppelknockout-Mausembryonalfibroblasten (MEF) und stellte fest, dass S-3 unabhängig von Bax/Bak Apoptose induziert. Die Autoren berichten auch über den molekularen Mechanismus, durch den die Apoptose durch Veränderung der Konformation von Bcl-2 ausgelöst wird [29].

3.4 Untersuchungen zu Regulationsmechanismen des Glykolipidstoffwechsels mithilfe niedermolekularer Sonden

Herz-Kreislauf-Erkrankungen, Diabetes, Adipositas und Fettleber haben sich zu Erkrankungen entwickelt, die sowohl die körperliche als auch die Lebensqualität der Bevölkerung in China bedrohen. Störungen des Glykolipidstoffwechsels stehen in engem Zusammenhang mit diesen Erkrankungen. Ein herausragendes Merkmal des Glykolipidstoffwechsels sind die Wechselwirkungen und Regulierungen zwischen verschiedenen metabolischen niedermolekularen Verbindungen und Biomakromolekülen, wie Proteinen. Daher haben Studien, die Small Molecules verwenden, einzigartige Vorteile. Die Forschungsgruppe von SONG Baoliang von der Wuhan University konzentriert sich auf wichtige Regulationswege des Glykolipidstoffwechsels: Entdeckung neuartiger regulatorischer Proteine, Signalwege und Wirkmechanismen mit niedermolekularen Sonden, Identifizierung neuer aktiver niedermolekularer Verbindungen basierend auf wichtigen regulatorischen Proteine und Pathways des Glykolipidstoffwechsels sowie Intervention bei Stoffwechselstörungen. Ihre Forschung hat systematische originäre Ergebnisse mit vielversprechenden Anwendungsaussichten hervorgebracht und übt einen bedeutenden Einfluss auf die internationale akademische Gemeinschaft aus.

3.4.1 Cholesterintransport über Lysosom-Peroxisom-Membrankontakte

Cholesterin ist innerhalb von Zellen ungleichmäßig verteilt und wird dynamisch transportiert, was für normale zelluläre Lebensprozesse unerlässlich ist. Dies ist ein grundlegendes Problem im Cholesterinstoffwechsel und auch ein grundlegendes Problem in der Zellbiologie. Die Forschungsgruppe von SONG Baoliang nutzte die Humangenom-weite lentivirale shRNA-Bibliothek und entwarf eine effiziente Screening-Strategie zur spezifischen Anreicherung von Zellen mit Defekten im intrazellulären Cholesterintransport. Auf diese Weise wurden über 300 Gene identifiziert, die den Cholesterintransport beeinflussen. **Die Autoren fanden heraus, dass Gene, die für peroxisomale Proteine kodieren, statistisch angereichert waren.** Das Abschalten von ABCD1, BAAT, ACOT8, PEX1, PEX3, PEX6 oder PEX10 führt zu Defekten im intrazellulären Cholesterintransport. Darüber hinaus wird eine Akkumulation von Cholesterin **in Lysosomen, jedoch nicht in Peroxisomen beobachtet.** Die Autoren wählten ABCD1 für weitere Studien aus. Immunfluoreszenztests ergaben, dass sich ABCD1 und Lysosom-Peroxisom zu etwa 20 % überlagerten. Sie nannten dieses neu entdeckte Phänomen Lysosom-Peroxisom-Membrankontakt (LPMC). Um die Beziehung zwischen Lysosom und Peroxisom weiter zu untersuchen, wurden verschiedene Strategien wie SR-SIM („super resolution structured illumination microscopy"), PerkinElmer UltraVIEW VoX 3D-System-Bildgebung, Transmissionselektronenmikroskopie, Zeitraffer-Bildgebung lebender Zellen („time-lapse livecell imaging"), Immunopräzipitation von Organellen und *In-vitro*-Rekonstitution. Alle experimentellen Ergebnisse bestätigten das Vorhandensein von LPMC. Die Autoren fanden auch heraus, dass eine Störung der NPC1- oder ABCD1-Expression die LPMC signifikant reduziert. Dies ist vom intrazellulären Cholesterinspiegel abhängig, und das aus Low-Density-Lipoprotein (LDL) stammende Cholesterin verstärkte die dynamischen Kontakte.

Zur weiteren Untersuchung des Kontaktmechanismus zwischen Lysosom und Peroxisom **wurden mehrere Proteomikexperimente durchgeführt und lysosomale Membranproteine, peroxisomale Proteine und NPC1-interagierende Proteine analysiert. Nach dem Zusammenführen der Ergebnisse wurden die Proteine, die an der Vesikelfusion oder der Organellendynamik beteiligt sind, als Kandidaten ausgewählt**, wobei die Autoren auf Synaptotagmin VII (Syt7), ein lysosomales Membranprotein, aufmerksam wurden. Dessen Knock-down führt zur Akkumulation von Cholesterin im Lysosom und zu einer **starken Verringerung der LPMC**. Der *In-vitro*-Bindungsversuch zeigte, dass Syt7 für den LPMC unverzichtbar ist. Diese Ergebnisse deuteten darauf hin, dass Syt7 **ein für die Bildung von LPMC notwendiges lysosomales Protein ist.**

Abschließend fassten die Autoren ihre Ergebnisse in **einem Modell für den Cholesterintransport vom Lysosom zum Peroxisom zusammen**. **LDL-Partikel werden nach der Internalisierung zum Lysosom transportiert,** wo sie von saurer Lipase hydrolysiert werden und Cholesterin freigesetzt wird. **NPC2-Protein**

bindet in Lysosomen freies Cholesterin an die 8-Carbon-Isooctyl-Seitenkette; anschließend werden die freiliegende OH-Gruppe und das molekulare Gerüst von der N-terminalen Domäne von NPC1 erkannt und gebunden. **Die N-terminale Domäne von NPC1 dringt in die Glykokalyx ein und erleichtert Cholesterin den Eintritt in die lysosomale Membran. Anschließend bilden sich enge Membrankontakte zwischen Lysosom und Peroxisom durch die Interaktion von Syt7 und Phosphatidylinositol-*4, 5*-bisphosphate. Auf diese Weise bewegt sich Cholesterin vom Lysosom zum Peroxisom.** Diese Arbeit wurde in *Cell* im April 2015 [30] veröffentlicht und als eine der Top 10 Scientific Advances in Life Sciences in China im Jahr 2015 ausgewählt.

3.4.2 Negative Regulation der Cholesterinsynthese und der molekulare Pathway der intestinalen Cholesterinabsorption

Der sterolvermittelte Abbau von HMG-CoA-Reduktase (HMGCR) stellt einen wichtigen negativen Regulationsweg der endogenen Cholesterinsynthese dar. Die Forschungsgruppe von SONG Baoliang hat den Ubiquitin-Proteasom-vermittelten Abbau von HMGCR systematisch untersucht. Die Autoren fanden heraus, dass Sterol die Ubiquitinierung von HMGCR spezifisch begünstigt und identifizierten die Ubiquitin-Ligase gp78 und ihren Komplex. Untersuchungen von leberspezifischen gp78-Knockout-Mäusen zeigten, dass gp78 nicht nur den Abbau von HMGCR vermittelte, sondern auch den Abbau von Insig förderte, einem negativen Regulator von SREBP. Die Mäuse zeigen erhöhte Levels an HMGCR und Insig und somit eine Suppression der Aktivität von SREBP, was letztlich zu einer verminderten Cholesterinsynthese führt. Außerdem produzierten die Mäuse **mehr FGF21, das die Thermogenese in braunen Adipozyten aktiviert, den Energieverbrauch steigert** und Fettleibigkeit sowie die Insulinsensitivität verbessert. Die Autoren fand heraus, dass Betulin die endogene Synthese von Lipiden hemmt, den Cholesterin- und Triglyceridspiegel senkt, den Stoffwechsel des Körpers verbessert und Stoffwechselerkrankungen verhindert [32].

3.4.3 Erforschung von Endoplasmatisches-Retikulum-Stress und Glykolipidstoffwechsel sowie Entdeckung wichtiger regulatorisch aktiver niedermolekularer Verbindungen

Das endoplasmatische Retikulum (ER) ist ein Ort für die Synthese, Faltung und Qualitätskontrolle von Proteinen in Zellen. Seine Homöostase ist entscheidend für die Aufrechterhaltung normaler Zellfunktionen. ER-Stress, der aus dem

Versagen des ER bei der Bewältigung der Belastung durch fehlgefaltete Proteine resultiert, löst den Unfolded-protein-response(UPR)-Signalweg aus. Die drei klassischen, durch die ER-Transmembranproteine IRE1α, PERK und ATF6 vermittelten UPR-Signalwege spielen eine zentrale Rolle bei der Regulation der Glykolipidhomöostase. Die Forschungsgruppe von LIU Yong vom Institute for Nutritional Sciences of CAS Shanghai Institutes for Biological Sciences fand in vorherigen Untersuchungen von Tiermodellen heraus, dass die Proteinkinase/Ribonuklease IRE1α eine wichtige Rolle bei der Störung des Glykolipidstoffwechsels spielt. Die Autoren durchsuchten eine Compound-Bibliothek mithilfe eines Luciferase-Reporter-Assay für IRE1α-abhängiges Splicing von XBP1 mRNA. Unter den gescreenten Kandidaten für die Hemmung der Ribonuklease-Aktivität von IRE1α befanden sich zwei neue potenzielle Inhibitoren WNN1287-H011 und DCDS0047-H011, die mithilfe von Zellerkennungssystemen validiert wurden. Beide Kandidaten wurden jedoch später als stark zytotoxisch eingestuft. Die synthetisierten daher 4U8C und MKC-3946, Inhibitoren der IRE1α-Nuklease, und führten weitere Proof-of-Concept-Studien an Tiermodellen für Adipositas und Diabetes durch. Angesichts der regulierenden Wirkung von FXR auf ER-Stress wurden außerdem Screens zur Entdeckung und zur strukturellen Umwandlung hochaktiver FXR-Antagonisten sowie Untersuchungen zu deren Funktionen und Mechanismen bei der Senkung von Blutzucker und Cholesterin durchgeführt.

Die Forschungsgruppe von LIU Yong fand in ihrer Studie an pankreatischen β-Zellen heraus, dass das Gerüstprotein **RACK1 mit IRE1α auf glukose-stimulierte oder auf** ER-Stress **reagierende Weise interagiert**. RACK1 ist konstitutiv mit Proteinphosphatase PP2A assoziiert, um die Phosphorylierung von IRE1α zu kontrollieren, und wirkt wie eine „molekulare Bremse" in der physiologischen dynamischen Regulation des IRE1α-Signalwegs. Das anhaltende Versagen dieser Regulation **hat schädliche Auswirkungen auf Zellfunktionen und trägt zur pathologischen Entwicklung von Typ-2-Diabetes** bei [33]. Später fanden die Autoren heraus, dass der IRE1α-Signalweg in gewebespezifischen Knockout-Mäusen eine wichtige regulatorische Rolle bei der kompensatorischen Proliferation von pankreatischen β-Zellen unter dem durch Adipositas verursachten metabolischen Stress spielt [34]. Ihre Untersuchungen an Tiermodellen deuten außerdem darauf hin, dass der hepatische IRE1α-Signalweg Energieveränderungen im Körper wahrnehmen kann und während des Fastens durch Phosphorylierung aktiviert wird.

Glukagon-stimulierte Proteinkinase PKA phosphoryliert IRE1α direkt, was zu dessen Aktivierung und Teilnahme an der Regulation der hepatischen Glukoneogenese führt. Unter metabolischem Stress ist **IRE1α bei fettleibigen Mäusen stark hyperaktiviert**, und das **Ausschalten von IRE1α führt zu einer deutlichen Verringerung der Hyperglykämie und einer Verbesserung der Glukoseintoleranz**. Diese Ergebnisse zeigen, dass IRE1α ein Sensor sowohl für Proteinfaltung als auch für Signale des Metabolismus ist, was auf eine mögliche Behandlung von Typ-2-Diabetes durch spezifische Modulation der hepatischen IRE1α-Aktivität hinweist [35]. Die Untersuchung leberspezifischer

IRE1α-Knockout-Mäusen zeigt, dass hepatisches IRE1α als Sensor für katabole Signale fungiert und eine wichtige regulatorische Rolle bei **der adaptiven Verschiebung der Energienutzung** (Verschiebung von der Nutzung von Glukose zu Fettsäuren) **während des Hungerns spielt** [36].

Die Gruppe von LIU Yong wählte die Hemmung des ER-Stresses als primären Screening-Index und erhielt, entwarf und synthetisierte 69 Antagonisten aus über 10.000 Verbindungen mit den beiden Methoden virtuelles Screening und pharmakologisches Zufallsscreening. Darauf aufbauend wurden Struktur-Aktivitäts-Beziehungen, Aktivitäten zur Hemmung des ER-Stresses und verwandte Wirkmechanismen auf der Ebene von Molekülen und Zellen erforscht. Die Kandidatenverbindung Cpd15 wurde auf ihre zucker- und lipidsenkende Wirksamkeit in Tiermodellen getestet, und nach struktureller Optimierung wurde ihre hypoglykämische Wirkung in Mäusen mit Adipositas untersucht. Dies bestätigt, dass FXR-und ER-Stress-Signalwege zur Entdeckung und Gewinnung von Compounds mit blutzucker-als cholesterinspiegelsenkender Wirkung genutzt werden können.

3.5 Entdeckung und Validierung von Arzneimittelzielen und Leitverbindungen auf der Basis von Signaltransduktionsprozessen

Die Entdeckung neuer Zielmoleküle ist von größerem wissenschaftlichem Wert und praktischer Bedeutung als die Innovation von Wirkstoffen, da Zielmoleküle eine Quelle für innovative Blockbuster-Medikamente sind und Möglichkeiten für die schnelle und effiziente Entdeckung neuer Arzneimittel bieten. Die Entdeckung von Zielmolekülen und deren funktionelle Validierung sind daher wichtige Aufgaben der funktionellen Genomik. Die Praxis in den vergangenen Jahren deckte die Herausforderungen auf, die hauptsächlich in Schwierigkeiten bei der Validierung von Zielmoleküle begründet sind. Bei den herkömmlichen Technologien zur Entdeckung und Validierung von Zielmolekülen handelt es sich um genomische Technologien, die mit hohen Investitionen, langen Zyklen und hohen Risiken verbunden sind. Dementsprechend werden sie von den meisten Forschungsinstitutionen und Pharmaunternehmen zur Entdeckung und Validierung von Zielmolekülen nicht weiter genutzt.

Die chemische Biologie kann solche Mängel überwinden. Für diese Anwendungen sind Technologien dieser Disziplin viel zuverlässiger als genomische Technologien. Noch wichtiger ist, dass sie die Entdeckung und Validierung von Zielmolekülen parallel zur Entdeckung und Entwicklung von Arzneimitteln ermöglicht. Das heißt, die physiologischen Funktionen der Genprodukte und die aktiven Verbindungen, die ihre Aktivitäten regulieren, können gleichzeitig aufgefunden werden. Daher hat dieser MRP das Programm „Entdeckung von wichtigen Markern, Zielmolekülen und Leitverbindungen auf der Basis von Signaltransduktionsprozessen" etabliert. Mit dem Fokus auf wichtige

Erkrankungen zielt das Programm darauf ab, Funktionen und Interaktionsnetzwerke wichtiger Proteine, die an Signaltransduktionsprozessen beteiligt sind, zu erforschen und wichtige krankheitsbezogene Marker, Arzneimittelziele und Leitverbindungen zu entdecken, um die Grundlage für Prävention, Diagnose und Behandlung von Erkrankungen zu legen. Forscher, die in dieser Forschungsrichtung tätig sind, haben Chinas Vorteile bei der Synthese von Bibliotheken niedermolekularer Verbindungen, der Phytochemie und der Computerchemie voll ausgeschöpft. Basierend auf den Forschungsergebnissen zur Signaltransduktion, haben diese Forscher gemeinsam mit pharmazeutischen Experten an Studien zur funktionellen Validierung der Arzneimitteltauglichkeit neuer Zielmoleküle und an der Entdeckung von Leitverbindungen für mehrere wichtige Erkrankungen gearbeitet. Sie haben sich in der Forschung durch die Integration von Untersuchungen zu Signaltransduktionsprozessen und Zielmolekülentdeckung, Zielmolekülentdeckung und funktioneller Validierung, funktioneller Validierung von Zielmolekülen und Wirkstoffentdeckung hervorgetan.

3.5.1 Entdeckung und funktionelle Validierung von Zielmolekülen sowie Design von Leitverbindungen für Antitumormedikamente

(1) Neue Zielmoleküle für Antitumormedikamente - die Kupferchaperone Atox1 und CCS

Störungen des Kupferionenspiegels führen zu verschiedenen Erkrankungen, zum Beispiel zur Tumorentwicklung. Die Kupferkonzentrationen im Plasma klinischer Krebspatienten stehen mit der Entwicklung von Tumoren und deren Reaktionen auf die Behandlung in Zusammenhang. Kupferchelatoren (z. B. Tetrathiomolybdat) bieten die einzige Möglichkeit zur Steuerung des Kupferionenspiegels im Körper. Da sie jedoch auch andere Metallkationen unspezifisch chelatieren, verursachen sie häufig schwere toxische Nebenwirkungen. Verschiedene Kupferchaperone, beispielsweise Atox1 und CCS, sind für den zellulären Kupfertransport verantwortlich. Ihre Expressionslevels sind in zahlreichen Tumorgeweben gegenüber normalem Gewebe deutlich erhöht. Sie sind auch in verschiedenen Leukämiezelllinien und Proben von Leukämiepatienten stark exprimiert. Dies deutet darauf hin, dass das Überleben von Tumorzellen möglicherweise von Kupferchaperonen abhängt. Die Forschungsgruppe von JIANG Hualiang vom CAS Shanghai Institute of Materia Medica arbeitete mit internationalen Teams, darunter das Team von HE Chuan von der University of Chicago, an der chemisch-biologischen Erforschung der Zielbarkeit von Kupferchaperonen.

Mithilfe einer Methode des computergestützten Arzneimitteldesigns wurde eine Compound-Bibliothek nach Verbindungen durchsucht, die an die Kupfertransfer-Interfaces von Atox1 und CC2 binden. Auf der Grundlage der Ergebnisse von bioaktiven Tests wurde eine Ähnlichkeitssuche durchgeführt, um die Verbindungen mit starken Bindungskapazitäten und arzneimittelähnlichen Eigenschaften zu finden. Die nachfolgenden biochemischen und zellbiologischen Experimente zeigten, dass einige Verbindungen den zellulären Kupfertransport durch Bindung an die Kupfertransfer-Interfaces von Atox1 und CCS blockieren und so spezifisch die Tumorzellproliferation ohne Beeinträchtigung normaler Zellen hemmen. Von diesen Verbindungen zeigte DCAC50 die beste antitumorale Wirkung mit der geringsten Toxizität. Weitere Untersuchungen des Mechanismus zeigten, dass DCAC50 den Kupfertransport durch Suppression der Aktivität der Cu/Zn-Superoxiddismutase (SOD1) mit Kupfer als Kofaktor stört, die ROS-Spiegel in Tumorzellen erhöht und die mitochondrialen Funktionen beeinträchtigt, was zur Verringerung der ATP-Produktion führt. Tumorzellen stehen unter hohem oxidativem Stress, sodass sie empfindlicher auf DCAC50 reagieren. Diese Ergebnisse haben nicht nur hervorragende Leitverbindungen für auf Tumoren abzielende Therapien bereitgestellt, sondern auch ein neues Gebiet für die Forschung an Antitumorstrategien eröffnet [37].

(2) Neuartiges Zielprotein zur Behandlung von Nierenkarzinomen – Ubiquitinligase SPOP

Derzeit richten sich die Erstlinienmedikamente zur Behandlung von Nierenzellkarzinomen hauptsächlich gegen Tyrosinkinasen. Die Inhibitoren weisen allgemein niedrige objektive Ansprechraten auf und neigen zur Medikamentenresistenz. Daher ist es von entscheidender Bedeutung, neue Zielstrukturen für Anti-Nierenkarzinom-Medikamente zu entwickeln. Es wurde berichtet, dass in klarzelligen Nierenzellkarzinomen („clear-cell renal cell carcinoma", ccRCC) unter hypoxischen Mikroumgebungen die Anhäufung von HIF zur Überexpression des Speckle-type POZ-Proteins (SPOP), einem Adapter der Ubiquitinligase E3, führt. Gleichzeitig verursacht eine solche Mikroumgebung die Dislokation von SPOP innerhalb von Zellen vom Zellkern ins Zytoplasma. Zytoplasmatisches SPOP begünstigt den Abbau seiner Substratproteine – Phosphatase und Tensin-Homolog (PTEN) und Dual-Specificity-Phosphatase 7 (DUSP7) –, was zu einer Steigerung der Zellproliferation und zur Entstehung von Tumoren führt. Bisher gibt es keine Berichte über SPOP-Inhibitoren. Die Forschungsgruppen von JIANG Hualiang und YANG Caiguang vom CAS Shanghai Institute of Materia Medica arbeiteten mit der Forschungsgruppe von LIU Jiang vom CAS Beijing Institute of Genomics zusammen und entdeckten Small-molecule-Inhibitoren, die die Interaktion zwischen SPOP, PTEN und DUSP7 stören. Mithilfe der Kombination aus virtuellem Screening, biochemischen *In-vitro*-Analysen und strukturellen Umformungen und Optimierung basierend auf Struktur-Aktivitäts-Beziehungen erhielten sie die aktive Verbindung Cmp6b, die die Interaktion zwischen SPOP und seinen Substratproteinen PTEN und DUSP7 *in vitro* störte. Durch Immunpräzipitation (Co-IP) und Ubiquitinierungsassay fanden sie heraus, dass SPOP-Inhibitoren die SPOP-Substrat-Interaktion bei niedriger Konzentration stören und die Ubiquitinierung von PTEN und DUSP7 durch SPOP hemmen. Infolgedessen wird häufen sich beide Substratproteine in ccRCC-Zellen an, was **zu**

einer Zunahme an phosphorylierten Akt und ERK in den nachgeschalteten Signalwegen und schließlich zum Tod von ccRCC-Zellen führt. In Versuchen mit nackten Mäusen, die Tumorzell-Xenografts trugen, wurde gefunden, dass Cmp6b in signifikantem Ausmaß den Tod von ccRCC-Zellen bewirkt und die Tumorgröße in den Mäusen reduziert. Der Prozess der Erforschung von auf SPOP abzielende niedermolekulare Verbindungen bei Nierenkarzinomen ist in Abb. 3.5 dargestellt. Es wurde überzeugend gezeigt, dass die Störung der SPOP-Substrat-Interaktionen eine neue Strategie zur Identifizierung spezifischer Zielmoleküle bei Nierenkarzinomen ist [38], was sich förderlich auf die Entdeckung und Entwicklung von innovativen Medikamenten zur Behandlung von Nierenkarzinomen auswirken wird.

(3) Eine neue Arzneimittelresistenz von Melanomen und neue, Autophagie induzierende Antitumormedikamente

In der vorangegangenen Studie [39] identifizierte die Forschungsgruppe von WU Qiao von der Xiamen University durch Screening die Verbindung 1-(3,4,5-Trihydroxyphenyl)nonan-1-on (THPN), die spezifisch die Entstehung und Entwicklung von Melanomen über den durch TR3 (Nur77) vermittelten autophagischen Zelltod hemmt. Zur Erweiterung des Anwendungsbereichs von THPN untersuchten sie den molekularen Mechanismus der durch THPN und seine Derivate induzierten Unempfindlichkeit gegenüber autophagischem Zelltod bei anderen Arten von Krebszellen (z. B.Gebärmutterhalskrebszellen und Magenkarzinomzellen). Das Aktivitätsniveau von Akt in Nicht-Melanom-Krebszellen liegt deutlich über dem von Melanomzellen, was zur Hemmung des durch THPN und seine Derivate induzierten autophagischen Zelltodsignalwegs führt. Der Grund dafür ist,dass die Phosphorylierung von TR3 an Ser533 durch das stark phosphorylierte Akt2 in Tumorzellen **die nukleozytoplasmatische Translokation von TR3 und die THPN-induzierte Interaktion mit Nix** sowie die anschließende Translokation in Mitochondrien und den durch die mitochondriale

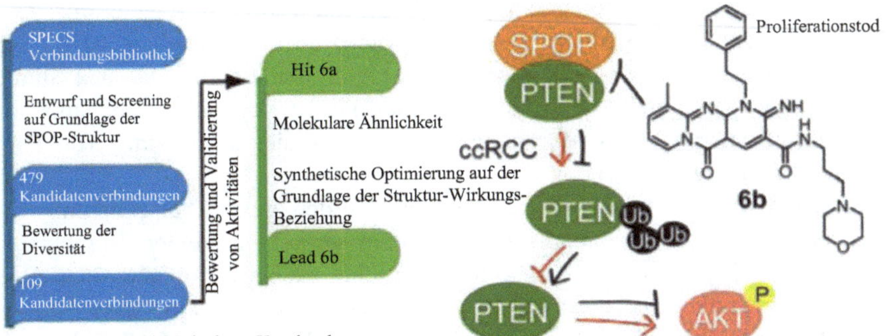

(a) Methode zur Unterbrechung

SPOP Protein-Interaktionen

(b) Ziel-Validierung und Mechanismusstudien

Abb. 3.5 Auf SPOP abzielende niedermolekulare Verbindungen bei Karzinomen der Niere

Dysfunktion verursachten autophagischen Zelltod **behindert**. Die Verringerung der zellulären Expression von Akt2 durch Akt-Inhibitoren oder Gentherapien könnte die Tumorzellen in die Lage versetzen, auf den durch THPN und seine Derivate induzierten autophagischen Zelltod zu reagieren. Basierend darauf hat die Gruppe von WU Qiao THPN als Ausgangsstruktur genutzt, die Co-Kristallstruktur von THPN-TR3 zur weiteren Optimierung von Compounds aufgeklärt sowie eine Reihe von THPN-Derivaten synthetisiert. Es gelang ihnen, eine Verbindung zu finden, die das Tumorwachstum über die induzierte Autophagie wirksamer hemmt als THPN. In dieser Arbeit wurde ein Molekül identifiziert, das in den THPN-induzierten autophagischen Tumorzelltod eingreift, wurde einen neuartiger Pathway von TR3 und Akt zur Regulation ihrer Arzneimittelresistenz aufgezeigt und eine wichtige theoretische Grundlage für die Erweiterung der Anwendung von THPN und die Entwicklung neuer Medikamente zur Krebstherapie durch die Induktion des autophagischen Zelltods gelegt. [40].

3.5.2 Entdeckung und Validierung eines neuen Zielmoleküls für entzündungshemmende Arzneimittel

Angemessene Entzündungsreaktionen können Krankheitserreger beseitigen, während übermäßige Entzündungsreaktionen zu Organdysfunktion und -versagen und sogar zum Tod führen können. Daher ist die Aufklärung der regulatorischen Mechanismen und Signalwege der Schlüssel zur Behandlung verschiedener entzündungsbedingter Erkrankungen. Sepsis ist ein systemisches, aus einer Infektion resultierendes Entzündungsreaktionssyndrom. **Schwere Sepsis kann zu Organversagen und sogar zum Tod führen.**

Die Forschungsgruppe von XU Qiang von der Nanjing University fand heraus, dass Andrographolid (Andro) die Assemblierung und die Aktivierung des NLRP3-Inflammasoms und die Freisetzung von IL-1β durch induzierte mitochondriale Autophagie in Makrophagen hemmt, wodurch das Fortschreiten von Colitis abgeschwächt und schließlich die Entwicklung von Darmkrebs gehemmt wird [41]. Weitere Untersuchungen zeigten, dass Andro an das Protein p110 bindet, das direkt mit dem NLRP3-Inflammasom interagiert und so sein zweites Signal negativ reguliert. Es handelt sich hier um einen neuen Regulationsmechanismus des Inflammasomsignalwegs, der neue Einblicke in die Behandlung von Entzündungserkrankungen bietet.

Viele entzündungshemmende Medikamente werden gezielt für p38 und den damit verbundenen vor- und nachgeschalteten Proteinen seiner Signalwege entwickelt. Sie haben in der Regel unerwünschte Nebenwirkungen oder eine schlechte Wirksamkeit. Die Gruppe von WU Qiao fand heraus, dass Nur77-Knockout-Mäuse (KO-Mäuse) im Vergleich zu Wildtyp-Mäusen (WT-Mäuse) anfälliger für Sepsis waren, die durch Lipopolysaccharid (LPS) oder Ligatur und Punktion des Blinddarms ausgelöst wurde. Die Expressionslevel von Zytokinen waren bei KO-Mäusen signifikant höher als bei WT-Mäusen. Alle infizierten

Mäuse starben innerhalb von drei Tagen. Diese Ergebnisse deuten darauf hin, dass Nur77 als Inhibitor bei entzündlichen Reaktionen fungiert. Entsprechend des aufgedeckten Mechanismus ermöglicht eine wirksame Blockade der p38α-Phosphorylierung die entzündungshemmende Wirkung von Nur77. Basierend auf diesem Wirkmechanismus wurde die niedermolekulare Verbindung Pentyl-2-(3,5-dihydroxy-2-nonanoylphenyl)acetat (PDNPA) identifiziert, die spezifisch auf Nur77 abzielt. Sie bindet an die ligandenbindende Domäne von Nur77 und verhindert so die Bindung von p38α, **wodurch die Phosphorylierung von Nur77 durch p38α verhindert wird**. Auf diese Weise hemmt Nur77 effizient LPS-induzierte Entzündungen, wodurch eine Sepsis effektiv behandelt wird und die Überlebensrate von Mäusen steigt. Dieser Wirkmechanismus unterscheidet sich fundamental von dem der Mainstream-p38α-Inhibitoren. PDNPA beeinflusst nicht direkt die p38α-Kinaseaktivität. Stattdessen zielt es auf Nur77 ab, um die Bindung zwischen p38α und Nur77 zu behindern, wodurch Nur77 kaum phosphoryliert wird. Die Blockade der p38α-Kinase auf diese Weise könnte die toxischen Nebenwirkungen von entzündungshemmenden Medikamenten senken. Der spezifisch auf Nur77 abzielende Effekt von PDNPA zur Hemmung von Entzündungen ist in Abb. 3.6 dargestellt. Die Ergebnisse zeigen nicht nur die Rolle von Nur77 bei der negativen Regulierung angeborener Immunreaktionen und seinen

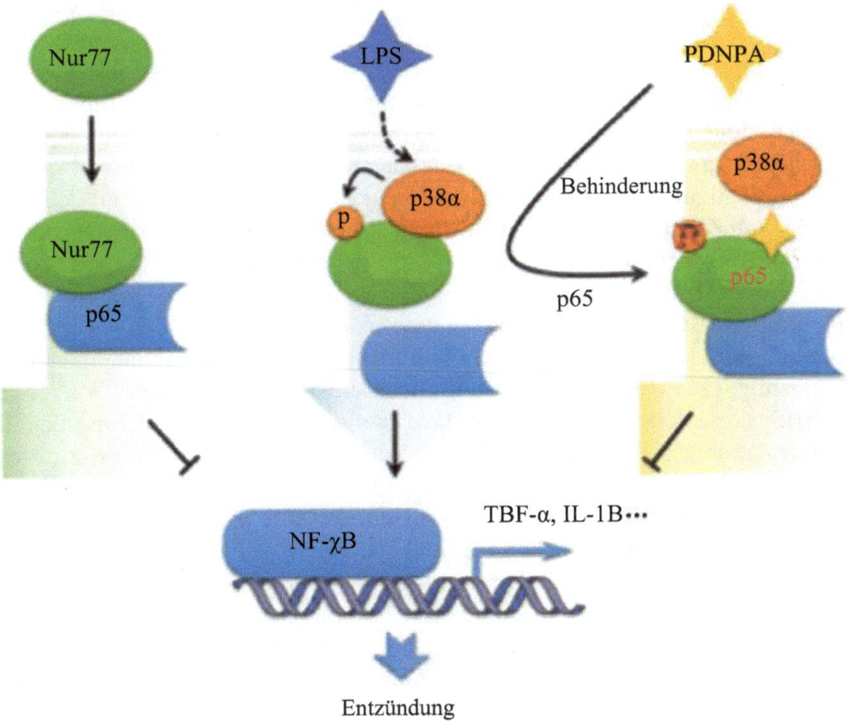

Abb. 3.6 PDNPA zielt spezifisch auf Nur77 ab, was zur Hemmung von Entzündungen führt

Wirkmechanismus auf, sondern bieten auch ein neues Ziel und eine Strategie für die Entwicklung entzündungshemmender Medikamente [42].

3.5.3 Untersuchung von Zielmolekülen in RNA-epigenetischen Signaltransduktionswegen

Epigenetische Signaltransduktionswege, ein international aufstrebendes Gebiet der Wirkstoffforschung, sind durch unklare Funktionen der meisten epigenetischen Zielenzyme und einen Mangel an niedermolekularen Verbindungen für die funktionelle Forschung gekennzeichnet. Daher ist die Entdeckung der ersten Generation von Inhibitoren oder Agonisten dieser Enzyme zu einer dringenden Angelegenheit geworden. Die Forschungsgruppen von YANG Caiguang, JIANG Hualiang und ZHOU Xiang vom CAS Shanghai Institute of Materia Medica sowie die Forschungsgruppe von JIA Guifang von der Peking University haben sich auf die den jüngste Grenzbereich der Epigenetik konzentriert: RNA-epigenetische Zielenzyme. Sie führten die Erforschung und Entwicklung der ersten Generation von Inhibitoren durch. Sie haben die dynamischen Modifikationen zur Regulierung von N^6-Methyladenosin (m^6A) in mRNA mit chemischen Sonden untersucht und innovative Werkzeuge zur Verfügung gestellt, die sich von ihren traditionellen genetischen Gegenstücken unterscheiden, um die mit m^6A-Modifikationen und Zellplastizität verbundenen Signaltransduktionswege aufzudecken.

FTO war die erste entdeckte RNA-Demethylase, die die Häufigkeit m^6A-Modifikationen steuert. Es wurde jedoch nicht berichtet, ob FTO als Zielmolekül für niedermolekulare Verbindungen dienen kann, um m^6A-Modifikation in Zellen zu beeinträchtigen. Die Forschungsgruppe von YANG Caiguang arbeitete mit der Forschungsgruppe von JIANG Hualiang zusammen und führte Hochdurchsatz-Virtual-Screenings basierend auf der Struktur von FTO, die m^6A-modifizierte Basen erkennt, durch. Sie fanden heraus, dass der Naturstoff Rhein (Cassinsäure) die Demethylierungsfunktion von FTO hemmt und die zelluläre m^6A-Modifikationshäufigkeit in mRNA in einer konzentrationsabhängigen Weise beeinträchtigt [43]. Die Entwicklung hochselektiver chemischer Sonden für ALKBH5, der zweiten m^6A-Demethylase, stellte eine Herausforderung dar. Die Forschungsgruppen von YANG Caiguang und von JIA Guifang entwarfen eine Hochdurchsatz-Screening-Strategie basierend darauf, dass FTO und ALKBH5 methylierte Nukleinsäuren auf unterschiedliche Weise erkennen. Sie identifizierten Meclofenaminsäure (MA), ein nichtsteroidales, entzündungshemmendes Medikament, als selektiven FTO-Inhibitor [44]. Der Wirkung von MA auf die zelluläre Häufigkeit von m^6A-Modifikationen war eng mit der Expression und Funktion von FTO verbunden, jedoch nicht mit ALKBH5. Auf der Grundlage der Struktur entdeckten sie außerdem den molekularen Mechanismus der selektiven Hemmung von FTO durch MA. Basierend auf ihren Erkenntnissen arbeiteten die beiden Gruppen mit der Forschungsgruppe von ZHOU Xiang zusammen und entwarfen bifunktionale chemische Sonden zur Visualisierung des FTO-

Proteins [45]. Inspiriert von der Ähnlichkeit der chemischen Struktur von MA und Fluoresceinen, entwarfen und synthetisierten sie Fluoresceinderivate **mit der Fähigkeit, FTO gleichzeitig selektiv zu hemmen und zu markieren**. Mit Techniken der Strukturbiologie und Click-Chemie wurden die Wirkmechanismen im Detail untersucht und die Zielstrukturen dieser Small Molecules validiert. Diese Erkenntnisse liefern niedermolekulare Werkzeuge für die „RNA-Epigenetik" und die damit verbundenen Enzyme sowie aktive Leitverbindungen für die Entdeckung und Erforschung neuer Arzneimittelziele für damit zusammenhängende Erkrankungen.

3.5.4 Entdeckung neuer Angriffspunkte und Funktionen von Arzneimittelzielen für Stoffwechselerkrankungen

Purinerge Rezeptorenspielen eine wichtige Rolle bei Erkrankungen, die durch die Aktivierung von Blutplättchen verursacht werden, wie z. B. koronare Herzkrankheit und Schlaganfall,was die Medikamente, die auf purinerge Rezeptoren abzielen, zu primären Mitteln zur antithrombotischen Behandlung der koronaren Herzkrankheit macht. Es gab jedoch nur wenige Studien über die Funktionen dieser Rezeptorfamilie und die damit verbundenen Mechanismen blieben unklar, was auf die geringe Konservierung der Sequenz und die großen Schwierigkeiten bei der Untersuchung von G-Protein-gekoppelten Rezeptoren (GPCR) zurückzuführen ist. Zur Klärung dieser Fragen analysierte die Forschungsgruppe von ZHAO Qiang vom CAS Shanghai Institute of Materia Medica die 3D-Struktur des an AZD1283 gebundenen P2Y12R und stellte fest, dass sich die Ligandenbindungstasche von P2Y12R stark von denen anderer Klasse-A-GPCR unterscheidet. Es wurde erstmals gezeigt, dass es in den sieben Transmembranhelices zwei Bindungsstellen gibt, was darauf hindeutet, dass P2Y12R möglicherweise zwei Arten von Arzneimolekülen gleichzeitig binden kann. Auf der Grundlage der 3D-Strukturinformationen wurden Labore zur Vernetzung verschiedener Arten von Arzneimittelmolekülen eingerichtet, um die Affinität zwischen Arzneimittel und Rezeptor zu verbessern und Nebenwirkungen zu verringern.

Mithilfe einer Simulation der molekularen Dynamik erstellte die Gruppe Modelle für die Interaktionen zwischen P2Y12R und allen auf dem Markt befindlichen und einigen klinischen Arzneimitteln. So wurden die Wirkmechanismen der meisten beliebten antithrombotischen Arzneimittel, die auf P2Y12R abzielen, darunter Plavix, zum ersten Mal gezeigt. Irreversible und reversible P2Y12R-Arzneimittel zeigen unterschiedliche Wirkmechanismen, die zur Optimierung der Struktur der beiden Typen von Arzneimitteln sowie zum virtuellen Screening und Design neuer, auf P2Y12R-abzielende Arzneimittel genutzt werden können. Darüber hinaus zeigten die strukturellen Analysen erstmals, dass reversible Arzneimittel die Aktivität von P2Y12R hemmen, indem sie die räumliche Konformation der Transmembranenhelix VI der extrazellulären Domäne verändern. Diese Erkenntnisse können die zukünftige Optimierung von

Arzneimitteln zur Verbesserung der Antikoagulationseffekte und zur Reduzierung von Nebenwirkungen erheblich erleichtern [46]. Die Entdeckung dieser neuen Arzneimittelbindungsstelle wird das Verständnis der Mechanismen von Rezeptorantagonisten verändern, was zur Erforschungen neuer GPCR-Funktionen und sowie zu neuen Richtungen der Arzneimittelentwicklung führt.

Die Forschungsgruppe von YU Biao vom CAS Shanghai Institute of Organic Chemistry arbeitete mit der Forschungsgruppe von XIE Xin vom CAS Shanghai Institute of Materia Medica zusammen und zeigte, dass Gordonosid F, ein aus *Hoodia* isoliertes Steroidglykosid, ein selektiver Agonist des GPCR GPR119 ist. Mithilfe von *In-vitro-* und *In-vivo*-Experimenten klärten sie auch den Mechanismus auf, der der appetithemmenden Wirkung von *Hoodia* zugrunde liegt. Es ist ein origineller Durchbruch in der Entwicklung von Medikamenten zur Gewichtsabnahme mit *Hoodia*. Die Erkenntnisse zum appetithemmenden Mechanismus können zu Leitverbindungen zur Entwicklung neuer Medikamente zur Gewichtsreduktion und neuen Antidiabetika führen und die Wirkungen der afrikanischen Pflanze *Hoodia* aufklären [47].

3.5.5 Validierung neuer Zielmoleküle und neuer Konzepte zur Vermeidung bakterieller Infektionen

Da die Resistenz gegen herkömmliche antibakterielle Wirkstoffe wie Antibiotika immer mehr zunimmt,wird die Entwicklung und Anwendung von antibakteriellen Wirkstoffen mit neuen Mechanismen zur Vermeidung von Resistenzen zu einem Forschungsschwerpunkt bei der Prävention bakterieller Infektionen. Unterstützt durch diesen MRP haben die Forschungsgruppen von LAN Lefu, YANG Caiguang und JIANG Hualiang des CAS Shanghai Institute of Materia Medica sowie die Forschungsgruppe von LI Jian der East China University of Science and Technology den Forschungsplan „niedermolekulare Verbindungen, die zelluläre Signaltransduktionsprozesse steuern“ erweitert, arbeiteten an der Entdeckung neuer antibakterieller Wirkstoffe mit dem nichtantibiotischen Mechanismus „Entwaffnung von Krankheitserregern, anstatt sie zu töten“ und forschten an Wirkstoffen gegen Virulenz. Im Gegensatz zu traditionellen Antibiotika zielen Anti-Virulenz-Medikamente darauf ab, therapeutische Wirkungen zu erzielen, indem sie pathogene Prozesse von Bakterien blockieren, anstatt Bakterien direkt zu töten oder ihr Wachstum zu hemmen. Repräsentative Ergebnisse werden nachfolgend erläutert.

1. **Entdeckung der auf dem „Sensorprotein“ CcpE basierenden Signaltransduktion als potenzieller neuer Zielmechanismus zur Bekämpfung von *S. aureus***

Staphylococcus aureus *(S. aureus)* nutzt das Catabolite Control Protein E (CcpE) zur wirksamen Steuerung seiner Virulenz, indem es seinen intrazellulären

Citratspiegel misst, seinen Stoffwechselstatus reguliert und verschiedene virulenzassoziierte Faktoren exprimiert. Die Forschungsgruppen von LAN Lefu und YANG Caiguang fanden heraus, dass das kleine Molekül Citrat nicht nur ein wichtiges Stoffwechselzwischenprodukt, sondern auch ein Signalmolekül ist, das die Virulenz von *S. aureus* steuert, was auf eine enge Verbindung zwischen seinem metabolischen Status und der bakteriellen Virulenz verweist. Darüber hinaus zeigten die Ergebnisse, dass CcpE ein wichtiger negativer Regulator der Virulenzkontrolle ist, d.h. die Aktivierung seiner Funktion könnte die bakterielle Virulenz verringern [48].

2. **Entdeckung des neuen Zielproteins CrtN zur Hemmung der Virulenz von *S. aureus***

Durch phänotypisches Screening einer Bibliothek vermarkteter Arzneimittel fanden die Gruppen von LAN Lefu und LI Jian das Antimykotikum Naftifin, das in nanomolaren Konzentrationen die **Produktion des goldenen Carotinoidpigments in *S. aureus*** hemmt und ***S. aureus* anfälliger für** oxidativen Stress und menschliches Blut macht. Weitere Studien zum Wirkmechanismus zeigten, dass Naftifin die Synthese des goldenen Carotinoidpigments über die kompetitive Hemmung der Diapophytoen-Desaturase (CrtN) von *S. aureus* blockiert und **die Virulenz des *S.-aureus*-Newman-Stamms in Maus-Infektionsmodellen abschwächt.** Anschließend wiesen die Autoren nach, dass CrtN bei der **Förderung der Virulenz einer Vielzahl klinischer *S.-aureus*-Isolate, einschließlich methicillinresistenter *S.-aureus*-Stämme (MRSA),** eine wichtige Rolle spielt. Dementsprechend hemmte der CrtN-Inhibitor (Naftifin) wirksam die Infektion von Mäusen mit „Superbakterien" wichtiger klinischer MRSA-Isolate, einschließlich Mu50, USA400 und MW2. Diese Ergebnisse verweisen auf ein neues Medikamentenziel für die Entwicklung von Alternativen zu Antibiotika, wie z. B. Anti-Virulenz-Medikamente [49]. Auf dieser Grundlage wurde eine Reihe von Verbindungen entworfen, die auf die Struktur des CrtN-Proteins abzielen und eine hohe antibakterielle Aktivität zeigen. Eine dieser Verbindungen wurde zur weiteren technologischen Entwicklung an das Hubei Bio-pharmaceutical Industrial Technological Institute Inc. in China übertragen.

3. **Validierung von SrtA als Zielmolekül für Anti-Virulenz-Medikamente und Entdeckung entsprechender Leitverbindungen**

Die biologischen Funktionen von Sortase A (SrtA) sind wichtig für die Virulenz grampositiver Bakterien. SrtA erkennt spezifisch das Signalpeptid LPXTG, verankert mehrere, dieses Peptid enthaltende Virulenzfaktoren in der Hülle des Erregers und steuert so die infektiöse Virulenz für den Wirt. Da es keine guten niedermolekularen Inhibitoren gab, war unklar, ob sich SrtA als Ziel für Antiinfektiva eignet. Aufgrund des Mangels an niedermolekularen Sonden standen chemische Interventionsmethoden zur Untersuchung des Mechanismus der Erkennung von Substratproteinen durch SrtA oder zur funktionellen Validierung von Zielmolekülen nicht zur Verfügung. Die Forschungsgruppen von

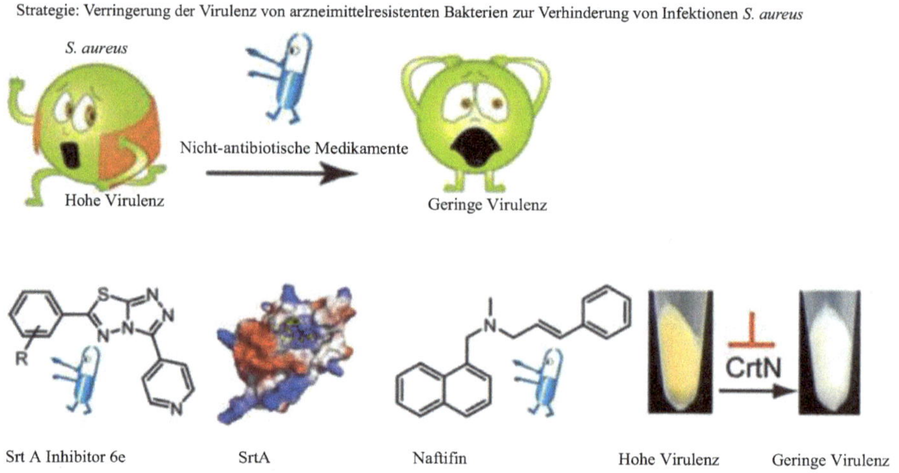

Abb. 3.7 Validierung des Antivirulenz-Zielmoleküls

YANG Caiguang und JIANG Hualiang kombinierten molekulares Arzneimitteldesign und biologisches Screening zur Identifizierung von niedermolekularen SrtA-Inhibitoren neuartiger Struktur. Sie führten strukturelle Optimierungen und weitere Screens der aktiven Verbindungen durch, um Inhibitoren mit höheren Aktivitäten zu erhalten. Diese Verbindungen könnten SrtA wirksam daran hindern, die Oberflächenvirulenzfaktoren IsdA und SasX zu erkennen, sowie die von SrtA katalysierte Transpeptidierung des Oberflächenvirulenzfaktors SPA erheblich unterdrücken, wodurch dessen Einbau in die Zellwand gestört wird, was zu einer starken Hemmung der Virulenz von arzneimittelresistenten *S. aureus* führt, wie in Abb. 3.7 dargestellt. Diese niedermolekularen Verbindungen töten die Bakterien nicht oder beeinträchtigen ihr Wachstum kaum,aber sie verlängern wirksam das Überleben von Mäusen, die mit arzneimittelresistenten Bakterien infiziert sind, wodurch das Ziel erreichen wird, „die Infektion einzudämmen, ohne die Bakterien zu töten oder zu hemmen". Darüber hinaus wirkt die Grundverbindung hemmend auf SrtA eines breiten Spektrums grampositiver Bakterien. Diese Arbeit hat gezeigt, dass SrtA auf mehreren Ebenen von Molekülen, Zellen und Tiermodellen als Ziel für Antiinfektiva infrage kommt [50].

Literatur

1. Li J, Yu J, Zhao J et al (2014) Palladium-triggered deprotection chemistry for protein activation in living cells. Nat Chem 6(4):352–361
2. Wang J, Cheng B, Li J et al (2015) Chemical remodeling of cell-surface sialic acids through a palladium-triggered bioorthogonal elimination reaction. Angew Chem Int Ed Engl 54(18):5364–5368

3. Li J, Jia S, Chen PR (2014) Diels-Alder reaction-triggered bioorthogonal protein decaging in living cells. Nat Chem Biol 10(12):1003–1005
4. Zhang G, Li J, Xie R et al (2016) Bioorthogonal chemical activation of kinases in living systems. ACS Cent Sci 2(5):325–331
5. Li J, Chen PR (2016) Development and application of bond cleavage reactions inbio-orthogonal chemistry. Nat Chem Biol 12(3):129–137
6. Chen X, Tang S, Zheng JS et al (2015) Chemical synthesis of a two-photon-activatable chemokine and photon-guided lymphocyte migration in vivo. Nat Commun 6:7220
7. Lin L, Liu L, Zhao B et al (2015) Carbon nanotube-assisted optical activation of TGF-be-ta signalling by near-infrared light. Nat Nanotechnol 10(5):465–471
8. Wang X, Chen X, Yang Y (2012) Spatiotemporal control of gene expression by a light-switchable transgene system. Nat Methods 9:266
9. Chen X, Li T, Wang X et al (2016) Synthetic dual-input mammalian genetic circuits enable tunable and stringent transcription control by chemical and light. Nucleic Acids Res 44(6):2677–2690
10. Chu TT, Li QQ, Qiu T et al (2014) Clearance of the intracellular high level of the Tau protein directed by an artificial synthetic hydrolase. Mol Biosyst 10(12):3081–3085
11. Zhang M, Chang H, Zhang Y et al (2012) Rational design of true monomeric and bright photoactivatable fluorescent proteins. Nat Methods 9:727
12. Zhao C, Wu L, Ren J et al (2013) Targeting human telomeric higher-order DNA: dimeric G-quadruplex units serve as preferred binding site. JAm Chem Soc 135(50):18786–18789
13. Li W, Wang J, Ren J et al (2013) Near-infrared- and pH-responsive system for reversible cell adhesion using graphene/gold nanorods functionalized with i-motif DNA. Angew Chem Int Ed Engl 52(26):6726–6730
14. Chen Y, Qu K, Zhao C et al (2012) Insights into the biomedical effects of carboxylated single-wall carbon nanotubes on telomerase and telomeres. Nat Commun 3:1074
15. Zhang Y, Chen LY, Han X et al (2013) Phosphorylation of TPP1 regulates cell cycle-dependent telomerase recruitment. Proc Natl Acad Sci USA 110(14):5457
16. Wang X, Huang J, Zhou Y et al (2010) Conformational switching of G-quadruplex DNA by photoregulation. Angew Chem Int Ed Engl 49(31):5305–5309
17. Tian T, Song Y, Wang J et al (2016) Small-molecule-triggered and light-controlled reversible regulation of enzymatic activity. JAm Chem Soc 138(3):955–961
18. Wang SR, Min YQ, Wang JQ et al (2016) A highly conserved G-rich consensus sequence in hepatitis C virus core gene represents a new anti-hepatitis C target. Sci Adv 2(4):e1501535
19. Wu Z, Tian T, Yu J et al (2011) Formation of sequence-independent Z-DNA induced by a ruthenium complex at low salt concentrations. Angew Chem Int Ed Engl 50(50):11962–11967
20. Wang S, Long Y, Wang J et al (2014) Systematic investigations of different cytosine modifications on CpG dinucleotide sequences: the effects on the B-Z transition. J Am Chem Soc 136(1):56–59
21. Wang T, Hong T, Tang T, e t al, (2013) Application of N-halogeno-N-sodiobenzenesulfonamide reagents to the selective detection of 5-methylcytosine in DNA sequences. J Am Chem Soc 135(4):1240–1243
22. Guo P, Yan S, Hu J et al (2013) Selective detection of 5-formyl-2'-deoxycytidine in DNA using a fluorogenic hydroxylamine reagent. Org Lett 15(13):3266–3269
23. He Q, Kim H, Huang R et al (2015) The Daxx/Atrx complex protects tandem repetitive elements during DNA hypomethylation by promoting H3K9 trimethylation. Cell Stem Cell 17(3):273–286
24. Gu ZM, Wu YL, Zhou MY et al (2010) Pharicin B stabilizes retinoic acid receptor-alpha and presents synergistic differentiation induction with ATRA in myeloid leukemic cells. Blood 116(24):5289–5297

25. Wei W, Ma C, Cao Y et al (2016) Identification of H7 as a novel peroxiredoxin I inhibitor to induce differentiation of leukemia cells. Oncotarget 7(4):3873–3883
26. Hou JK, Huang Y, He W et al (2014) Adenanthin targets peroxiredoxin I/II to kill hepatocellular carcinoma cells. Cell Death Dis 5:e1400
27. Liu CX, Yin QQ, Zhou HC et al (2012) Adenanthin targets peroxiredoxin I and II to induce differentiation of leukemic cells. Nat Chem Biol 8(5):486–493
28. Wang S, YinJ ChenD et al (2013) Small-molecule modulation of Wnt signaling via modulating the Axin-LRP5/6 interaction. Nat Chem Biol 9(9):579–585
29. Zhao L, He F, Liu H et al (2012) Natural diterpenoid compound elevates expression of Bim protein, which interacts with antiapoptotic protein Bcl-2, converting it to proapoptotic Bax-like molecule. J Biol Chem 287(2):1054–1065
30. Chu BB, Liao YC, Qi W et al (2015) Cholesterol transport through lysosome-peroxisome membrane contacts. Cell 161(2):291–306
31. Liu TF, Tang JJ, Li PS et al (2012) Ablation of gp78 in liver improves hyperlipidemia and insulin resistance by inhibiting SREBP to decrease lipid biosynthesis. Cell Metab 16(2):213–225
32. Ge L, Wang J, Qi W et al (2008) The cholesterol absorption inhibitor ezetimibe acts by blocking the sterol-induced internalization of NPC1L1. Cell Metab 7(6):508–519
33. Qiu Y, Mao T, Zhang Y et al (2010) A crucial role for RACK1 in the regulation of glucose-stimulated IRE1alpha activation in pancreatic beta cells. Sci Signal 3(106):ra7
34. Xu T, Yang L, Yan C et al (2014) The IRE1alpha-XBP1 pathway regulates metabolic stress-induced compensatory proliferation of pancreatic beta-cells. Cell Res 24(9):1137–1140
35. Mao T, Shao M, Qiu Y et al (2011) PKA phosphorylation couples hepatic inositol-requiring enzyme 1alpha to glucagon signaling in glucose metabolism. Proc Natl Acad Sci USA 108(38):15852–15857
36. Shao M, Shan B, Liu Y et al (2014) Hepatic IRE1 regulates fasting-induced metabolic adaptive programs through the XBP1s–PPAR axis signalling. Nat Commun 5:3528
37. Wang J, Luo C, Shan C et al (2015) Inhibition of human copper trafficking by a small molecule significantly attenuates cancer cell proliferation. Nat Chem 7(12):968–979
38. Guo ZQ, Zheng T, Chen B et al (2016) Small-molecule targeting of E3 ligase adaptor SPOP in kidney cancer. Cancer Cell 30(3):474–484
39. Wang WJ, Wang Y, Chen HZ et al (2014) Orphan nuclear receptor TR3 acts in autophagic cell death via mitochondrial signaling pathway. Nat Chem Biol 10(2):133–140
40. Wang WJ, Wang Y, Hou PP et al (2015) Induction of autophagic death in cancer cells by agonizing TR3 and attenuating Akt2 activity. Chem Biol 22(8):1040–1051
41. Zhang L, Sun Y, Fei M et al (2014) Disruption of chaperone-mediated autophagy-dependent degradation of MEF2A by oxidative stress-induced lysosome destabilization. Autophagy 10(6):1015–1035
42. Li L, Liu Y, Chen HZ et al (2015) Impeding the interaction between Nur77 and p38 re-duces LPS-induced inflammation. Nat Chem Biol 11:339
43. Chen B, Ye F, Yu L et al (2012) Development of cell-active N6-methyladenosine RNA demethylase FTO inhibitor. JAm Chem Soc 134(43):17963–17971
44. Huang Y, Yan J, Li Q et al (2015) Meclofenamic acid selectively inhibits FTO demethylation of m^6A over ALKBH5. Nucleic Acids Res 43(1):373–384
45. Wang T, Hong T, Huang Y et al (2015) Fluorescein derivatives as bifunctional molecules for the simultaneous inhibiting and labeling of FTO protein. JAm Chem Soc 137(43):13736–13739
46. Zhang J, Zhang K, Gao ZG et al (2014) Agonist-bound structure of the human P2Y12 receptor. Nature 509(7498):119–122
47. Zhang S, Ma Y, Li J et al (2014) Molecular matchmaking between the popular weight-loss herb hoodia gordonii and GPR119, a potential drug target for metabolic disorder. Pro Natl Acad Sci USA 111(40):14571

48. Ding Y, Liu X, Chen F et al (2014) Metabolic sensor governing bacterial virulence in staphylococcus aureus. Pro Natl Acad Sci USA 111(46):E4981
49. Chen F, Di H, Wang Y et al (2016) Small-molecule targeting of a diapophytoene desaturase inhibits S. aureus virulence. Nat Chem Biol 12(3):174–179
50. Zhang J, Liu H, Zhu K et al (2014) Antiinfective therapy with a small molecule inhibitor of staphylococcus aureus sortase. Pro Natl Acad Sci USA 111(37):13517

Kapitel 4
Ausblick

Wei Yang und Lihe Zhang

4.1 Inländische Mängel und strategische Bedürfnisse

Die chemische Biologie in China hat in den letzten Jahren große Fortschritte gemacht. Auf der Grundlage dieses Major Research Plan wurden große Durchbrüche bei Untersuchungen von Signaltransduktionsprozessen mit chemischen Sonden erzielt, um das strategische Ziel „einen Platz in der Welt gewinnen" zu verwirklichen. Die Wettbewerbsfähigkeit der chemischen Biologie Chinas ist jedoch insgesamt schwächer als die der globalen Wissenschaftsmächte. Ihre Entwicklung steht noch vor vielen Herausforderungen, insbesondere in Bezug auf Originalität.

Die Forschung in den Lebenswissenschaften durchläuft eine Phase tiefgreifender Veränderungen. In verschiedenen Bereichen kommt es zu Breakthroughs bei Prinzipien und Technologien, mit ständig neuen Schwerpunkten und schnellen Veränderungen. In diesem Zusammenhang sollte die chemisch-biologische Forschung die Gelegenheit ergreifen, Veränderungen anzustreben und darauf zu reagieren, neue biologische Probleme zu lösen und neue biologische Mechanismen aufzudecken, während sie gleichzeitig einen qualitativen Sprung in der Entwicklung von Tools und technologischen Innovationen macht. Obwohl wir in der chemisch-biologischen Forschung herausragende Leistungen erbracht haben, z. B. auf dem Gebiet der zellulären Signaltransduktion, haben wir uns nicht ausreichend mit neu entstehenden Bereichen und Schlüsselrichtungen der Biologie befasst und dem Bereich fehlt es noch an

---

W. Yang
National Natural Science Foundation of China, Beijing, China

W. Yang
Zhejiang University, Hangzhou, Zhejiang, China

L. Zhang (✉)
Health Science Centre, Peking University, Beijing, China
E-Mail: honghuijie@zju.edu.cn

L. Zhang, *Untersuchungen zu Signaltransduktionsprozessen mit Hilfe kleiner chemischer Sonden*, https://doi.org/10.1007/978-3-662-67627-1_4

Systematik. Zum Beispiel spielen chemische Modifikationen von Nukleinsäuren (DNA und RNA) eine entscheidende Rolle bei der Regulation des Zellschicksals während des Lebenszyklus. Die Kategorien der chemischen Modifikationen der epigenetischen Regulation, ihre Funktionen oder die Beziehungen zwischen dynamischen, reversiblen Veränderungen und Funktionen sind jedoch noch nicht gut verstanden. Die Erforschung dieser wichtigen chemischen Modifikationen stützt sich hauptsächlich auf traditionelle biologische Methoden. Es besteht ein dringender Bedarf an der umfassenden Beteiligung von Chemiebiologen zur Unterstützung bei diesen wichtigen biologischen Fragestellungen, insbesondere bei der Entwicklung von Sonden für die Erfassung, Markierung und Analyse chemischer Modifikationen und biologischer Funktionen sowie von Analysetechniken für die dynamische Echtzeit- und In-situ-Erkennung von Veränderungen dieser chemischen Modifikationen. Es besteht auch ein Bedarf an einer engen Zusammenarbeit zwischen Biologen und chemischen Biologen, um Entdeckungen zu machen, neue Mechanismen aufzudecken und sogar neue Bereiche der Forschung zu eröffnen.

Die Reprogrammierung somatischer Zellen ist ein weiterer riesiger Sprung in den Lebenswissenschaften. Die Umwandlung somatischer Zellen in pluripotente Stammzellen kann ihnen eine Differenzierungsfähigkeit verleihen, die von großer Bedeutung ist. Die Methoden zur Reprogrammierung somatischer Zellen mit niedermolekularen Verbindungen vermeiden die potenziellen Mutationsrisiken, die mit herkömmlichen „transgenen" Methoden einhergehen, sowie die ethische Kontroverse des „Kerntransfers". Sie bieten ideale Möglichkeiten zur Kontrolle des Zellschicksals. Insbesondere haben chinesische Wissenschaftler einen Durchbruch bei der Erforschung chemisch induzierter pluripotenter Stammzellen erzielt, der eine einfachere, sicherere und wirksamere Methode darstellt, um somatische Zellen mit „Pluripotenz" auszustatten. Dies eröffnet einen neuen Weg für die Reprogrammierung somatischer Zellen. Die Forschung in diesem Bereich stützt sich jedoch eher auf Erfahrungen, mit entsprechenden Schwächen. Insbesondere sind die Wirkmechanismen niedermolekularer Verbindungen bei der chemischen Induktion wie vor unbekannt, weshalb der weiteren Forschung die theoretische Grundlage fehlt. Es ist höchste Zeit, die chemische Biologie in dieses Gebiet einzubeziehen. Wir sollten die Wirkmechanismen dieser Moleküle in Zellen systematisch untersuchen und aufdecken, indem wir uns auf die Regulation der induzierten Signaltransduktion und epigenetische Veränderungen konzentrieren, um die Reprogrammierung somatischer Zellen quantitativer, effizienter und kontrollierbarer zu gestalten. Dies kann zur Entwicklung und Verbesserung der theoretischen Grundlage für die durch niedermolekulare Verbindungen induzierte Reprogrammierung von somatischen Zellen beitragen, um eine ideale zelluläre Quelle für zukünftige Zelltherapien und künstliche Organe zu liefern und die Tür zur regenerativen Medizin zu öffnen.

Ohne ein Verständnis für die Funktionen des Gehirns und des Nervensystems können Phänomene des Lebens kaum erklärt werden. Zukünftige neurowissenschaftliche Forschungen werden sich auf molekulare Mechanismen der Signaltransduktion in wichtigen Entwicklungsprozessen und therapeutische Methoden für wichtige Erkrankungen konzentrieren. Die derzeitige Beteiligung der chemischen Biologie in diesem Bereich ist jedoch begrenzt. Die rasante Entwicklung der Neurowissenschaften, insbesondere der Hirnforschung, bietet chemischen Biologen eine weitere große Chance. Die chemische Biologie wird eine entscheidende Rolle bei Studien zu den grundlegenden Aspekten der Neurowissenschaften spielen, einschließlich Funktionen und Komplexität des Gehirns, der molekularen Grundlagen von Kognition und Lernen und der Pathogenese neuropsychiatrischer Erkrankungen. Chemische Sonden sind ein zentrales Instrument zur Lösung vieler Fragestellungen in der Neuro- und Hirnforschung und ihre Entwicklung wird zwangsläufig zu Innovationen in den Forschungsmethoden und Denkmustern über wichtige Lebensprozesse führen.

Die Entwicklung der chemischen Biologie sollte der nationalen Strategie dienen und nationale Anforderungen erfüllen. China steht nun an einem neuen historischen Ausgangspunkt. Wissenschaftliche und technologische Innovationen haben einen noch wichtigeren Stellenwert eingenommen. Der Ruf, China zu einer Wissenschafts- und Technologiemacht zu entwickeln, ist laut geworden. Kürzlich hat China die *Outline of the National Strategy of Innovation-Driven Development* veröffentlicht. Darin wurden drei Stufen für eine innovationsgetriebene Entwicklung festgelegt: bis 2020 zu einem innovativem Land werden, bis 2030 zu den führenden innovativen Ländern gehören und bis 2050 eine Wissenschafts- und Technologiemacht sein. Menschen in der chemischen Biologie sollten zusammen mit denen in anderen wissenschaftlichen Bereichen danach streben, die oben genannten Ziele zu erreichen, und dazu beitragen, China zu einem innovativen Land und einer Wissenschafts- und Technologiemacht zu machen!

Breakthroughs in der Grundlagenforschung sind wichtige Quellen für originelle Innovationen und wichtige Treiber für die zukünftige Entwicklung Chinas. Als aufstrebende Disziplin, die verschiedene Grundlagendisziplinen miteinander verbindet, besteht die strategische Anforderung an die Entwicklung der chemischen Biologie in erster Linie in der allgemeinen Verbesserung der Innovationsfähigkeit. Wir sollten die Kultivierung von Innovationsgeist, Umgebung und Talenten betonen. Nur wenn es gelingt, die ursprüngliche Innovation an die erste Stelle zu setzen, die Chancen zu nutzen, Schwierigkeiten zu überwinden und Durchbrüche bei verschiedenen Aspekten wie Forschungsinstrumenten, wissenschaftlichen Problemen und praktischen Anwendungen zu erzielen, kann Chinas Gesamtniveau in der chemischen Biologie zu den fortgeschrittenen Ländern der Welt gehören und Hand in Hand mit einigen Spitzendisziplinen gehen oder sogar die Führung übernehmen. Zweitens sollte die Konvergenz mehrerer Disziplinen weiter gefördert werden. Nur durch die Zusammenarbeit und Integration der Chemie mit traditionellen Disziplinen, wie Lebenswissenschaften, Medizin und Pharmazie, können wir die Hochebene der Wissenschaft und Technologie erobern und das Ziel erreichen, das jede Disziplin in der Vergangenheit allein nicht erreichen konnte. Auf diese Weise können wir die Grundlagendisziplinen dabei unterstützen, von der quantitativen Akkumulation zum qualitativen Sprung, von punktuellen Durchbrüchen zur umfassenden Verbesserung der Systemfähigkeiten zu gelangen. Schließlich sollten wir die gesamte Entwicklungskette von der Grundlagenforschung bis zur praktischen Anwendung energisch vorantreiben. Wir sollten uns auf die wichtigsten Themen konzentrieren, die mit der nationalen Wirtschaft und dem Lebensunterhalt der Menschen, einschließlich der Gesundheitsversorgung, zusammenhängen, und uns bemühen, wissenschaftliche und technologische Errungenschaften in klinische Anwendungen umzusetzen, damit die Früchte der ursprünglichen Innovation und der technologischen Durchbrüche dem Land und den Menschen dienen können.

Um die Schwächen in der Forschung zu überwinden und die nationalen strategischen Anforderungen zu erfüllen, sollten wir weiterhin die interdisziplinären Vorteile der chemischen Biologie voll ausschöpfen und ihre zentrale Position in den Prozessen der Visualisierung, Kontrolle und Schaffung von lebenden Systemen hervorheben. Insbesondere könnten wir systematische Arbeiten in nachfolgenden Richtungen der Spitzenforschung durchführen.

4.1.1 Entwicklung chemischer Tools zur Untersuchung der dynamischen Veränderungen von Biomakromolekülen und zur Analyse ihrer Beziehung zu menschlichen Erkrankungen

Wir sollten die Grundlagenforschung zu dynamischen chemischen Modifikationen von Biomakromolekülen (einschließlich chemischer Modifikationen von Proteinen, epigenetischen Modifikationen von Nukleinsäuren, Glykosylierung und Lipidierung) bei Diabetes, Herz-Kreislauf-Erkrankungen, wichtigen Erkrankungen des Gehirns, Krebserkrankungen und anderen Erkrankungen des Menschen stärken. Wir können die Regeln zwischen den Modifikationen und den Erkrankungen erforschen und die internen Beziehungen analysieren, um der klinischen Forschung den theoretischen Hintergrund zu bieten. Es ist wichtig, die dynamischen Modifikationen von Biomakromolekülen mit chemischen und molekularen Mitteln zu kontrollieren, um neuartige Methoden und Technologien für die Forschung und die Behandlung von klinischen Erkrankungen bereitzustellen.

4.1.2 Erweiterung auf neuartige bioorthogonale Reaktionssysteme

Bioorthogonalen Reaktionen zeigen noch immer viele Schwächen, beispielsweise langsame Reaktionsgeschwindigkeiten, instabile Reaktanden und toxische Reagenzien. Daher müssen wir neue biokompatible Reaktionen entwickeln, die effizienter sind und Reaktionstypen erweitern. Wir sollten uns auf bahnbrechende Forschungsergebnisse bei metall-/nichtmetallkatalysierten, lichtangeregten oder autokatalytischen biokompatiblen Reaktionen konzentrieren und auf dieser Grundlage Breakthroughs in den Reaktionsmechanismen, Prinzipien und Anwendungen erzielen. Das Finanzierungsmodell der oben genannten Bereiche sollten zukunftsorientiert sein. Es wird weniger Arbeit mit besseren Ergebnissen sein, wenn wir die Zusammenarbeit zwischen Wissenschaftlern, die neue biokompatible Reaktionen entwickeln, und denjenigen, die mit solchen Reaktionen wichtige Fragestellungen in ihrem Bereich lösen wollen, aktiv fördern.

4.1.3 Regulation der Biosyntheseeffizienz und Entwicklung neuer biokatalytischer Reaktionen

Beim wissenschaftlichen Verständnis von Biosynthesereaktionen, Stoffwechselwegen und Biokatalysatormechanismen werden große Fortschritte erzielt und Technologien zur Erstellung künstlicher Biosynthesewege reifen. Effiziente und hochselektive Anwendungen in spezifischen lebenden Systemen können jedoch noch nicht realisiert werden. Wir sollten uns daher auf die Mechanismen konzentrieren, die die Biosyntheseeffizienz begrenzen, und relevante Methoden zur Regulation entwickeln. Es wird die biosynthetische Chemie stark fördern, wenn Strategien der chemischen Biologie zur Regulation der Energieübertragung angewendet werden, wie zum Beispiel die Errichtung eines Energiesystems mit einem spezifischen Stoffwechselweg oder einem Weg, der mit chemischen und biologischen Mitteln integriert ist, und um den Materialstoffwechsel (Biosynthese) anzutreiben. Zusätzlich sollten wir neue Biokatalysatoren entwerfen und optimieren, effiziente Biokatalysatoren schaffen und die Arten von biokatalytischen Reaktionen mit fortschrittlichen Technologien, wie der gerichteten molekularen Evolution, erweitern.

4.1.4 Entwicklung neuer Technologien, Theorien und Methoden

Wir sollten den Schwerpunkt auf die Kombination von chemischer Biologie und der Entwicklung und Anwendung von Spitzentechnologien legen, wie z. B. superaufgelöste Bildgebung (Nobelpreis für Chemie 2014), Einzelmoleküldetektion und Hochdurchsatzsequenzierung. Die chemische Biologie könnte genutzt werden, um Durchsätze, Geschwindigkeit und zeitlich-räumliche Auflösungen von Detektionstechnologien zu erhöhen, Nachweisgrenzen zu senken, die Detektion einzelner Moleküle zu realisieren, die Spezifität von Markierungen und die Manipulationsgenauigkeit biologischer Zielstrukturen zu erhöhen sowie die Anpassungsfähigkeit und Anwendungsbereiche neuer Technologien für spezielle Systemen, darunter lebende Zellen, Einzelmoleküle und pluripotente Stammzellen, zu verbessern.

Wir sollten die computergestützte Chemie und die computergestützte Biologie weiterhin auf die chemische Biologie anwenden, um Theorien und Methoden der computergestützten chemischen Biologie für das Design, die Vorhersage und die quantitative Beschreibung funktionaler Biomoleküle und biologischer Systeme zu entwickeln. Auf der Grundlage der enormen Datenmengen, die durch die chemisch-biologische Forschung generiert werden, insbesondere durch Omics- und Hochdurchsatztechnologien, sollten wir die Zusammenarbeit mit der Bioinformatik weiter stärken, neue Bereiche der computergestützten chemischen Biologie erschließen und Theorien und Methoden für die Integration, Filterung und Verarbeitung dieser riesigen Datenmengen sowie für die systematische Analyse und Vorhersage in Verbindung mit „drug-target-clinical effect".

Die Entwicklung von Technologien und Methoden zur hochsensitiven Erfassung von Krankheitsmarkern bleibt eine der Kernaufgaben in dem Bereich. Wir sollten die Umstellung der Erkennung biologischer Marker von einem einzigen Modus auf gemischte Modi für verschiedene Arten von Markern fördern. Die Diagnosegenauigkeit kann durch sie simultane Detektion einer Reihe von hochspezifischen und komplementären Markern verbessert werden. Darüber hinaus sollten wir die Entdeckung neuer Krankheitsmarker fördern. Mithilfe der mehrstufigen Big-Data-Analyse, die von der medizinischen Bildgebung, der Identifizierung von posttranslationalen Proteinmodifikationen, der Bestimmung von Metaboliten und von anderen Technologien bereitgestellt wird, können wir die Entdeckung neuer klinischer biologischer Marker und Krebsbiomarker fördern und in klinischen Anwendungen auf mehreren Dimensionen zugänglich machen.

4.1.5 Ausbau der Forschungsrichtungen in der chemischen Biologie auf der Grundlage der Ressourcenvorteile Chinas

Angesichts der nationalen Bedingungen und der natürlichen und menschlichen Umgebungen in China sollten wir die chemisch-biologische Forschung fördern, die auf unsere wichtigsten strategischen Bedürfnisse und Ressourcenvorteile abzielt. (i) Die chemisch-genetische Erforschung von Naturstoffen chinesischer Heilkräuter sollte hervorgehoben werden. Wir sollten uns auf umfassende und tiefgreifende Studien zur Identifikation von Zielmolekülen und zu Wirkmechanismen verschiedener klassischer Naturstoffe (wie Artemisinin, Triptolid, Huperzin A) konzentrieren, um China in dieser Richtung führend zu machen. (ii) Die interdisziplinäre Forschung im Bereich der chemischen Biologie und von Pflanzen sollte angesichts der wichtigen Rolle der landwirtschaftlichen Produktion und des Umweltschutzes sowie der unzureichenden Investitionen in die Pflanzenforschung in den USA und anderen entwickelten Ländern verstärkt werden. Wir sollten die einzigartigen Vorteile von Biomakromolekülmarkern, Modifikationstools, epigenetischen Mitteln und anderen Techniken in der Pflanzenforschung erkunden und keine Zeit verlieren, um zukunftsweisende Grundlagenforschung durchzuführen, die zu Schlüsselfragen im Zusammenhang mit der nationalen Wirtschaft und dem Lebensunterhalt der Menschen beiträgt, wie zum Beispiel die Erhöhung der Erträge von Kulturpflanzen (Reis, Weizen usw.) und die Prävention von Pflanzenkrankheiten und Schädlingen. (iii) Aufgrund der enormen Bevölkerung und großer klinischer Stichprobengrößen in China sollten wir die Verbindung zwischen chemischer Biologie und klinischer Forschung und Diagnose weiter stärken, um neue Strategien für die Diagnose und Behandlung von Erkrankungen zu bieten, insbesondere solchen, die einen großen Einfluss auf die Gesundheit der Menschen haben (Hepatitis B, Lungenkrebs, Magenkrebs, Alzheimer-Erkrankung, resistente Krankheitserreger usw.)

4.2 Konzepte und Vorschläge für weitere Studien

4.2.1 Weitere Förderung der Konvergenz der Disziplinen

Wir sollten unser Verständnis der interdisziplinären Forschung auf nationaler Ebene und innerhalb der wissenschaftlichen Gemeinschaft weiter vereinheitlichen und ihre Bedeutung und Dringlichkeit vollständig erkennen. Wie der Präsident der Volksrepublik China, XI Jinping, auf der Nationalen Konferenz für wissenschaftliche und technologische Innovation 2016 hervorhob, könnten wir während der Umsetzung der Strategie der innovationsgetriebenen Entwicklung „in eine ungünstige Situation geraten und Entwicklungschancen – oder gar eine ganze Ära – verpassen, wenn wir Veränderungen nicht erkennen, auf Veränderungen reagieren und innovativ nach Veränderungen suchen“. Daher sollten sich Chemie, Biologie und Medizin darüber im Klaren sein, dass die multidisziplinäre Forschung nicht nur ein grundlegendes Merkmal und ein Ausgangspunkt der chemischen Biologie ist, sondern auch ein zentraler Motor für ihre Entwicklung und Innovation. Als neue Nebendisziplin spielt die chemische Biologie eine wichtige Rolle sowohl für das Wachstum der Disziplinen Lebenswissenschaften, Medizin und Chemie, als auch für die Entwicklung und Innovation des interdisziplinären Forschungssystems. Je tiefer ihre Konvergenz und Zusammenarbeit mit anderen Bereichen wird, darunter Biochemie, Molekularbiologie, Strukturbiologie, Zellbiologie, Molekularmedizin und pharmazeutische Chemie, desto offensichtlicher sind die Vorteile für die Forschung. Die Interdisziplinarität begünstigt auch die Forschung in den Grenzbereichen von Chemie, Medizin, Pharmazie, Materialwissenschaft und Biologie. Daher sollten wir die Konvergenz der Disziplinen weiter vertiefen. Man sollte sich darüber im Klaren sein, dass sowohl die Entwicklung chemischer Werkzeuge als auch die Erforschung biologischer Fragestellungen Quellen der Innovation in der chemischen Biologie sind, und dass die Integration beider Faktoren ihre nachhaltige Entwicklung vorantreibt und innovative Forschungsmethoden und Denkmuster fördert.

4.2.2 Stärkung der strategischen Ausrichtung der Interdisziplinarität

Wir sollten die strategische Planung und das Top-Level-Design der interdisziplinären Forschung, einschließlich der chemischen Biologie, auf nationaler Ebene durchführen und eine stabile politische Unterstützung bieten. Es sollten nützliche Anstrengungen unternommen werden, um die Anforderungen der chinesischen Regierung und den nationalen Rahmen umzusetzen und China zu einem innovativen Land zu machen. In Bezug auf die Organisation der wissenschaftlichen Forschung sollte eine Innovationsstrategie angewendet werden, die sowohl freie Forschung als auch Studien auf der Grundlage nationaler Anforderungen fördert. Während wir die freie Forschung in den interdisziplinären Bereichen von Chemie und Lebenswissenschaft fördern, sollten wir auch große Forschungsprogramme zu spezifischen wichtigen wissenschaftlichen Fragestellungen organisieren, um Synergien in der Organisation wissenschaftlicher Aufgaben zu erzielen und kollaborative Innovation zu verwirklichen. In Bezug auf die Talentförderung sollten wir uns an dem Prinzip „people foremost and academia first" orientieren, aktiv eine Atmosphäre schaffen, die förderlich für die Ausbildung interdisziplinärer Talente ist, und den Aufbau akademischer Teams fördern, um das Entwicklungssystem junger Talente der chemischen Biologie, das Absolventen, Postdocs und junge Forscher umfasst, zu etablieren. In Bezug auf wissenschaftliche Management- und Betriebsmechanismen sollten wir Innovation und Neuerung vertiefen, um die Synergie von Wissenschaft und Technologie und Systeminnovationen zu ermöglichen. Die Integration von Ressourcen und die optimierte Zuweisung, die sich durch die gesamte Kette zieht, kann durch die Struktur realisiert werden, die Talent, Programm und Mechanismus integriert.

Die Forschung in der chemischen Biologie erfordert die Zusammenarbeit zwischen Chemikern und Experten aus Biologie, Medizin, Physik und anderen Bereichen, um die molekularen Mechanismus des Lebens zu durchdringen. Daher sollten wir keine Anstrengungen scheuen, um die interdisziplinäre Zusammenarbeit zu fördern, und Maßnahmen zur Steigerung der Begeisterung der Wissenschaftler für die Zusammenarbeit festlegen. Für hervorragende Talente, die in der chemischen Biologie tätig sind, sollte eine solide Förderung bereitgestellt werden, damit sie ermutigt werden, unbekannten Grenzen zu erforschen, hochriskante Arbeiten in der Grundlagen- und originären Forschung durchzuführen und in konzertierten Anstrengungen für Durchbrüche zu arbeiten, die die originäre Innovation fördern und den nationalen Zielen dienen.

4.2.3 Einführung von neuen großen Forschungsplänen

Die NSFC spielt eine zukunftsorientierte Rolle bei der Förderung der Grundlagenforschung. Seit dem erfolgreichen Start des Major Research Plan

„Untersuchungen zu Signaltransduktionsprozessen mit niedermolekularen chemischen Sonden“ verbesserten sich sowohl die Forscher als auch die Forschung zur chemischen Biologie in China erheblich. Daher wird die Entwicklung weiterer neuer großer Forschungspläne zu wichtigen wissenschaftlichen Problemen in der chemischen Biologie empfohlen.

Die Synthese und Kontrolle der Struktur und Aktivität von Verbindungen auf der molekularen Ebene ist eines der Kernmerkmale, die die Chemie von anderen Disziplinen unterscheidet, und ein vorteilhaftes Mittel der chemischen Biologie zur Untersuchung biologischer Fragestellungen.

Synthese und Manipulation von Biomolekülen mit spezifischen Funktionen sind jedoch im Vergleich zu den Zielmolekülen mit spezifischen Strukturen oder Aktivitäten noch immer begrenzt, was sie zu Grenzbereichen in der chemischen Biologie macht. Entsprechend wird sich der Fokus der Biologie von den Sequenzen und Strukturen der Biomoleküle auf deren biologische Funktionen verlagern. So ist beispielsweise „die Synthese des menschlichen funktionellen Genoms“ eines der großen Forschungsthemen in der biologischen Entwicklung der nahen Zukunft und ein weiteres internationales strategisches Schlüsselziel nach dem Abschluss des Humangenomprojekts zu Beginn des 21. Jahrhunderts. Es ist erwähnenswert, dass wissenschaftliche Großprojekte dieser Art in hohem Maß die umfassende Entwicklung verwandter Disziplinen fördern und sprunghafte Entwicklungen in der Grundlagenforschung bis hin zu fortgeschrittenen Technologien bewirken können. Während der Verwirklichung der Forschungsziele macht die gesamte wissenschaftliche Gemeinschaft bedeutende Fortschritte in verschiedenen Bereichen, wie z. B. bei grundlegenden Theorien, Forschungsstrategien und praktischen Techniken. Auf der Grundlage eines umfassenden Verständnisses sowohl der zukünftigen Trends in den Lebenswissenschaften als auch der verbesserten Innovationsfähigkeiten der chemischen Biologie glauben wir, dass Studien und Eingriffe, die auf die dynamischen Modifikationen von Biomakromolekülen abzielen, ein wichtiges wissenschaftliches Grenzgebiet und ein zentrales Thema für die interdisziplinäre Forschung der Chemie, Lebenswissenschaften und Medizin sein werden.

Während des Lebenszyklus spielen die dynamischen Modifikationen von Biomakromolekülen (wie Proteine, Nukleinsäuren und Polysaccharide) eine entscheidende Rolle bei der Regulation des Zellschicksals. Unausgewogenheiten in der dynamischen Regulation wichtiger Modifikations- und/oder Demodifikationsenzyme und ihrer Substrate sind wichtige Gründe für das Auftreten und die Entwicklung von zahlreicher Erkrankungen, darunter Krebserkrankungen. Die Forschung in diesem Bereich ist sowohl ein Hauptthema als auch eine Herausforderung in den interdisziplinären Bereichen von Chemie und Lebenswissenschaften. Die rasanten Fortschritte fördern die Entwicklung der Lebenswissenschaften, zum Beispiel den Aufstieg der Epigenetik. Allerdings sind bisherige und aktuelle Studien auf die Entdeckung neuartiger Modifikationstypen fokussiert. Die Funktionen der meisten Biomakromolekülmodifikationen bleiben unklar, und es gibt wenige Untersuchungen zu den Beziehungen zwischen ihren räumlich-zeitlichen Veränderungen (dynamische Modifikationen) und Funktionen. Die Intervention und Manipulation dynamischer Modifikationen mit exogenen niedermolekularen Verbindungen sind sowohl von großer Bedeutung für das Verständnis der physiologischen und pathologischen Funktionen epigenetischer Modifikationen als auch von großem Potenzial für die Behandlung von Erkrankungen. Die chemische Biologie wird daher eine Schlüsselrolle in Studien dieser Art einnehmen.

Zur Förderung der Forschung in diesem Bereich werden Empfehlungen ausgesprochen. Erstens sollten zentrale wissenschaftliche Fragestellungen im Zusammenhang mit „dynamischen Modifikationen und chemischen Eingriffen in Biomakromoleküle" sowie mit der Analyse biologischer Funktionen, der Regulation der Genexpression und der Regulation des Zellschicksals ermittelt werden. Um sie zu erforschen, sollten zentrale Forschungskonzepte und -mittel der chemischen Biologie, einschließlich „chemischer Intervention, Regulation und Detektion", entwickelt werden. In der künftigen Forschung sollte sowohl die führende Rolle wichtiger biologischer Fragestellungen als auch die Anwendung exogener chemischer Intervention betont werden, um ihre Integration zu fördern. Zweitens sollten wir im Hinblick auf die Entwicklung und Anwendung von Tools hervorheben, dass chemische Mittel und Methoden bei der Untersuchung biologischer Fragestellungen universell und unersetzlich sind. Zum Beispiel sollten die Studien zu chemischen Modifikationen und ihren Funktionen von Biomakromolekülen die Forschungsmethoden chemische Markierung und Detektion (einschließlich Entdeckung neuartiger Modifikationen), Steuerung mithilfe niedermolekularer Verbindungen, chemische Simulation, funktionelle Analyse von Modifikationen von Biomakromolekülen, chemische Modifikation und Synthese von Biomakromolekülen sowie funktionelle Analyse von Biomakromolekülen basierend auf chemischen Modifikationen umfassen. Hinsichtlich der Erforschung biologischer Fragestellungen sollten wir uns auf die allgemeinen Fragen zu Lebensprozesses konzentrieren und allgemeingültige Regeln zusammenfassen. Zum Beispiel ist die Reversibilität (oder Bidirektionalität) ein gemeinsames Merkmal einiger wichtiger biologischer Vorgänge, darunter die reversible chemische Modifikation von Biomakromolekülen, die Zellprogrammierung und -reprogrammierung sowie die auf die biologische Aktivität abzielende Hemmung und die Aktivierung. Sie könnte von universeller Bedeutung für die Forschung sein und ist daher weiterer Erforschung wert. Schließlich sollten wir voll und ganz anerkennen, dass die Chemie durch der Anwendung chemischer Mittel zur Lösung biologischer Fragestellungen eine immense Chance für Entwicklung und Innovation erhält. Die für biologische Fragestellungen und Anforderungen entwickelten chemischen Methoden und Tools werden erhebliches Forschungspotenzial in der Chemie freisetzen und ihre schnelle Entwicklung begünstigen.

Stichwortverzeichnis

Kolibri 360 GmbH
Ferdinand-Jühlke-Straße 7
99095 Erfurt, Deutschland
produktsicherheit@kolibri360.de